完全图解数据库

【日】坂上幸大【著】
陈欢【译】

中国水利水电出版社
www.waterpub.com.cn
·北京·

内 容 提 要

目前，大数据成为人们耳熟能详的名词。在人工智能、大数据时代，数据处理、数据分析成为非常重要的工作，但是数据存储在哪里，数据是怎么存储的，数据库的工作原理是什么，面对大量数据，我们应该如何操作，很多人可能并不清楚。本书就用通俗易懂的文字，结合直观清晰的插图，对这些问题的关键技术——数据库相关知识点进行了详细解说。具体内容包括数据库的基础知识——理解数据库的基本概念、数据的存储方式——关系型数据库的特征、操作数据库——SQL的使用方法、管理数据——避免非法数据的功能、引入数据库——数据库的结构与表的设计、运用数据库——旨在安全运用、用于保护数据库的基础知识——故障恢复与安全措施、活用数据库——在应用程序中使用数据库等。本书适合所有对数据、数据库感兴趣的读者学习。

图书在版编目（C I P）数据

完全图解数据库 / (日) 坂上幸大著 ; 陈欢译. -- 北京 : 中国水利水电出版社, 2024.4

ISBN 978-7-5226-2238-5

Ⅰ. ①完… Ⅱ. ①坂… ②陈… Ⅲ. ①数据库－图解 Ⅳ. ①TP393.092.2-64

中国国家版本馆CIP数据核字(2024)第221140号

北京市版权局著作权合同登记号　图字:01-2023-4788

図解まるわかり データベースのしくみ

(Zukai Maruwakari Database no Shikumi:6605-6)

书　　名	完全图解数据库 WANQUAN TUJIE SHUJUKU
作　　者	［日］坂上幸大　著
译　　者	陈欢　译
出版发行	中国水利水电出版社 （北京市海淀区玉渊潭南路 1 号 D 座 100038） 网址：www.waterpub.com.cn E-mail：zhiboshangshu@163.com 电话：（010）62572966-2205/2266/2201（营销中心）
经　　销	北京科水图书销售有限公司 电话：（010）68545874、63202643 全国各地新华书店和相关出版物销售网点
排　　版	北京智博尚书文化传媒有限公司
印　　刷	北京富博印刷有限公司
规　　格	148mm×210mm　32 开本　7.375 印张　249 千字
版　　次	2024 年 4 月第 1 版　2024 年 4 月第 1 次印刷
印　　数	0001—4000 册
定　　价	79.80 元

前 言

在计算机和互联网广泛普及的现代社会，对海量信息的利用，让我们的生活变得十分便利。虽然平时可能没有意识到，但只要稍微留意一下，就会发现我们在生活中接收到了大量的信息。例如，社交网络、消息应用程序、火车时刻表、考勤系统中记录的时间、地图应用程序中的餐饮店信息、手机上的日程提醒、网上购物时的商品信息等。

此外，在世界的各个角落，这些信息的数量都以不同的方式与日俱增。那么，如此海量的信息保存在哪里？又是以怎样的方式保存的呢？当我们需要处理大量信息时，应当如何操作呢？为了解开这些疑惑，我们将在本书中对专门用于解决这类问题的关键性技术，即对数据库的知识进行讲解。

在本书中，我们列举了如下四个在使用数据库时需要掌握的知识要点。

- 数据库的基础知识。
- 数据库的操作方法。
- 系统设计的基础知识。
- 数据库运用的基础知识。

虽然数据库技术在未来会不断地进化和发展，但是从长远来看，基础知识对于系统管理员、设计人员和工程师而言都是十分有帮助的。因此，衷心地希望本书能够帮助读者加深对数据库的理解。此外，如果本书能够成为大家进入数据库领域的敲门砖，帮助将要从事数据库相关工作的读者将知识运用到工作中，那将是笔者莫大的荣幸。

坂上 幸大

说明：读者可扫描下面的“人人都是程序猿”公众号，关注后可查看新书信息。扫描右侧的“鹅圈子”二维码，可获取本书的附赠资源及勘误等信息。

人人都是程序猿

鹅圈子

目录

第1章 数据库的基础知识 ——理解数据库的基本概念 1

1-1 数据、数据库
我们周围的数据……2

1-2 数据的登记、整理和查询
数据库的特征……4

1-3 数据库管理系统、DBMS
运行数据库的系统……6

1-4 查询、限制、控制、访问权限、恢复
使用数据库的优势……8

1-5 商用、开源
数据库管理系统的种类……10

1-6 SQL
用于操作数据库的命令……12

1-7 POS收银机、订单管理、分析
数据库的使用示例……14

1-8 图书馆、购物网站
我们周围使用的数据库……16

第2章 数据的存储方式 ——关系型数据库的特征 19

2-1 数据模型、层次模型、网状模型、关系模型
不同的数据存储方式……20

2-2 表、列、记录、字段
以表格形式存储数据……22

2-3 表连接
将各种表组合在一起……24

2-4 更新成本、延迟、分散
关系模型的优点与缺点 …… 26
2-5 NoSQL
非关系模型 …… 28
2-6 键值类型、面向列型
NoSQL 数据库的种类①——键与值的组合模型 …… 30
2-7 面向文档型、图型
NoSQL数据库的种类②——表现分层结构与关系的模型 …… 32

第3章 操作数据库——SQL的使用方法 35

3-1 SQL命令
操作数据库的准备工作 …… 36
3-2 SQL语言的语句
操作数据命令的基本语法 …… 38
3-3 CREATE DATABASE、DROP DATABASE
创建和删除数据库 …… 40
3-4 SHOW DATABASES、USE
显示与选择数据库 …… 42
3-5 CREATE TABLE、DROP TABLE
创建和删除表 …… 44
3-6 INSERT INTO
添加记录 …… 46
3-7 SELECT
获取数据 …… 48
3-8 WHERE、=、AND、OR
缩小范围查找符合条件的记录 …… 50
3-9 !=、>、>=、<、<=、BETWEEN
用于查询的符号①——不相等的值、指定值的范围 …… 52
3-10 IN、LIKE、IS NULL
用于查询的符号②——包含值的数据、查询空数据 …… 54
3-11 UPDATE
更新记录 …… 56

3-12 DELETE
删除记录 ······ 58
3-13 ORDER BY
排列记录 ······ 60
3-14 LIMIT、OFFSET
指定需要获取的记录数量 ······ 62
3-15 COUNT函数
获取记录的数量 ······ 64
3-16 MAX函数、MIN函数
获取记录的最大值和最小值 ······ 66
3-17 SUM函数、AVG函数
获取记录的合计值和平均值 ······ 68
3-18 GROUP BY
对记录进行分组 ······ 70
3-19 HAVING
在分组后的记录中指定查询条件 ······ 72
3-20 JOIN
合并多个表获取数据 ······ 74
3-21 内连接、INNER JOIN
获取与值匹配的记录 ······ 76
3-22 外连接、LEFT JOIN、RIGHT JOIN
获取标准记录及与之匹配的记录 ······ 78

第4章 管理数据——避免非法数据的功能 81

4-1 数据类型
指定可保存的数据类型 ······ 82
4-2 INT、DECIMAL、FLOAT、DOUBLE
处理数值的数据类型 ······ 84
4-3 CHAR、VARCHAR、TEXT
处理字符串的数据类型 ······ 86
4-4 DATE、DATETIME
处理日期和时间的数据类型 ······ 88

4-5 BOOLEAN
仅处理两种值的数据类型 …… 90
4-6 约束、属性
限制允许保存的数据 …… 92
4-7 DEFAULT
设置默认值 …… 94
4-8 NULL
当没有放入任何数据时 …… 96
4-9 NOT NULL
避免数据为空的状态 …… 98
4-10 UNIQUE
避免输入与其他记录重复的值 …… 100
4-11 AUTO_INCREMENT
自动输入连续的编号 …… 102
4-12 PRIMARY KEY、主关键字、主键
使记录可以进行唯一识别 …… 104
4-13 FOREIGN KEY、外键
与其他表进行关联 …… 106
4-14 事务
集中执行无法分割的处理 …… 108
4-15 COMMIT
执行一组处理 …… 110
4-16 回滚
取消一组已经执行的处理 …… 112
4-17 死锁
两个处理发生冲突导致处理停止的问题 …… 114

第5章 引入数据库
——数据库的结构与表的设计 117

5-1 步骤的整理
引入系统的流程 …… 118
5-2 角色划分
引入系统的影响 …… 120

5-3 引入的缺点、引入的目的
探讨是否应当引入数据库……122
5-4 需求定义
整理用户需求和使用目的……124
5-5 实体、属性
思考需要保存的数据……126
5-6 关系、一对多、多对多、一对一
思考数据之间的关系……128
5-7 E-R图
使用图表表现数据之间的关系……130
5-8 E-R图绘制方法
E-R图的表现形式……132
5-9 概念模型、逻辑模型、物理模型
E-R图的种类……134
5-10 规范化
统一数据的格式……136
5-11 第一范式
避免重复的项目……138
5-12 第二范式
拆分其他种类的项目……140
5-13 第三范式
拆分处于从属关系中的项目……142
5-14 数值类型、字符串类型、日期类型
确定分配给列的设置……144
5-15 命名规则、同义词、同形（同音）异义词
确定表和列的名称……146
5-16 提取需求
书评网站表格设计的示例①——完成后的示意图……148
5-17 提取实体和属性
书评网站表格设计的示例②——理解数据之间的关系……150
5-18 表的定义、中间表
书评网站表格设计的示例③——确定需要使用的表……152
5-19 确定数据类型、约束条件、属性
书评网站表格设计的示例④——排列表和列……154

第6章 运用数据库——旨在安全运用 159

6-1 内部部署、云服务
放置数据库的场所……160

6-2 电源、计算机病毒、成本
公司内部管理数据库服务器的注意事项……162

6-3 初始成本、运行成本
数据库运行成本……164

6-4 用户、权限
根据用户更改允许访问的范围……166

6-5 操作历史、日志、资源
监控数据库……168

6-6 备份、全量备份、差分备份、增量备份
定期记录当前的数据……170

6-7 转储、还原
迁移数据……172

6-8 加密、解密
转换和保存敏感数据……174

6-9 版本升级
更新操作系统和软件的版本……176

第7章 用于保护数据库的基础知识——故障恢复与安全措施 179

7-1 物理威胁
对系统产生恶劣影响的问题①——物理威胁示例与对策……180

7-2 技术威胁
对系统产生恶劣影响的问题②——技术威胁示例与对策……182

7-3 人的威胁
对系统产生恶劣影响的问题③——人的威胁示例与对策……184

7-4 错误日志
发生错误的历史记录 …… 186
7-5 语法错误、资源不足
错误的种类与对策 …… 188
7-6 慢查询
执行时间较长的SQL语句 …… 190
7-7 索引
缩短获取数据的时间 …… 192
7-8 纵向扩展、横向扩展
均衡负载 …… 194
7-9 同步复制
复制并运行数据库 …… 196
7-10 SQL注入
从外部操作数据库的问题 …… 198

第8章 活用数据库
——在应用程序中使用数据库 201

8-1 客户端软件
使用软件连接数据库 …… 202
8-2 WordPress
在应用程序中使用数据库的示例 …… 204
8-3 第三方库、驱动程序
在程序中使用数据库 …… 206
8-4 O/R映射、O/R映射器
以编程语言的格式操作数据库 …… 208
8-5 Amazon RDS、Cloud SQL、Heroku Postgres
活用云服务 …… 210
8-6 缓存
高速获取数据 …… 212
8-7 大数据
收集和分析大量数据 …… 214

8-8 AI、人工智能、机器学习
学习数据的应用程序中的使用示例……216
8-9 AI数据库
引入了AI技术的数据库……218

术语集……221

第1章

数据库的基础知识

——理解数据库的基本概念

我们周围的数据

数据与数据库

在我们的周围，充斥着各种各样的信息。例如，商店里销售的商品的名称和价格、通信录中的姓名和电话号码、日程表中的日期和日程安排等。只要稍微环顾一下四周，就会发现我们身边围绕着很多的数值、文本、日期和时间，与生活息息相关的各种信息随处可见。通常情况下，可以将这些信息称为**数据**（图1-1）。

每一个数据都代表着一种事实、一份资料或者一种状态。在某些情况下，可能会存在大量的数据，数据可能会呈现出不同的形态，也可能会分散在不同的地方。如果是这样散乱的状态，使用数据时就会不方便，并且也不容易对其进行处理。但是，如果**将数据收集起来并进行整理，那么当需要查找某些信息时，就可以快速地找到需要的信息，并且还可以根据某些事实进行分析并获取最新的信息。**本书中将要讲解的**数据库**，就是通过这样的方式收集大量数据，以便对其进行有效利用的集合（图1-2）。

数据与数据库的示例

接下来，将以蛋糕店为例尝试，对数据库进行讨论。首先，商品的每一个名称和价格都是数据。商品名称和价格既是在顾客购买时需要告知顾客的信息，又是在计算销售额时需要使用的资料。如果我们是蛋糕店的老板，当需要掌握店铺的经营情况时，并不会单独使用这些分散的数据，而是会将这些数据汇总在一个表单中。通过这样的方式，将各种数据汇总成易于使用的数据库之后，就可以快速地查看商品的价格及其他需要了解的信息。

此外，除了对商品名称和价格进行汇总之外，为了对已售出的商品和数量进行记录，可以将经过收银机处理的商品信息集中在一个地方来创建一个数据库，这样一来，以后就可以对当天的销售额进行计算，还可以对进店购买商品的顾客数量进行统计。

图1-1 我们周围的数据

图1-2 数据库的作用

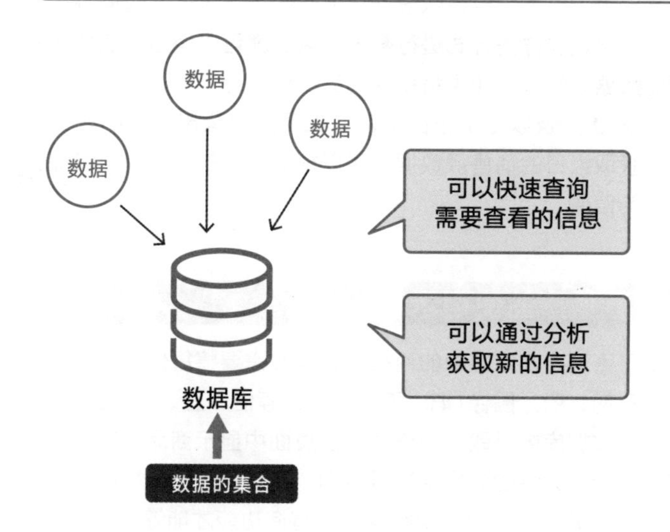

知识点

- 数据是指数值、字符、日期等信息。
- 数据库是指一种对很多数据进行整理并汇总而成的集合，可以对其进行有效利用。

数据库的特征

数据库的三大特征

数据库大致具有登记、整理和查询三大特征（图1-3）。

我们可以在数据库中登记大量的数据。例如，可以随时在其中添加商品的数据。此外，还可以对数据进行整理，并以相同格式进行保存。如果以蛋糕为例，其中包含“价格”这一数据，那么可以不用像100、200 元、￥300这样凌乱的格式进行保存，而是用100、200、300 这样统一的格式将数据保存在数据库中。当然，也可以根据具体的需求，对这些数据进行编辑或者删除等处理。**通过这样的方式进行整理之后，就可以快速地从登记的数据中找到需要的数据。**例如，如果将每件商品的价格登记到数据库中，之后就可以从中获取200 元及以上价格的商品；如果对已售出的商品和日期进行保存，就可以获取当日的销售额数据。可以根据保存的数据指定各种条件，获取自己需要的信息。

购物网站中数据库的使用示例

数据库可以用于管理购物网站中的商品。管理员需要将每件商品的商品名称、价格、开售日期、商品图像URL 和商品简介等信息登记到数据库中。购物网站则会从这个数据库中提取商品信息并在页面中显示商品的内容。买家则可以根据商品名称在大量的商品中进行查询，也可以根据价格缩小查询的范围（图1-4）。这些处理都需要利用数据库的查询功能才能够实现。

图1-3 可以通过数据库进行登记、整理和查询等操作

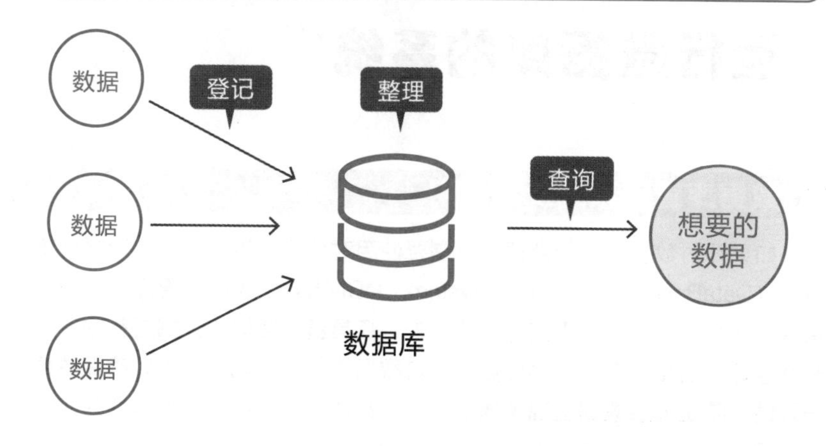

图1-4 购物网站中数据库的使用示例

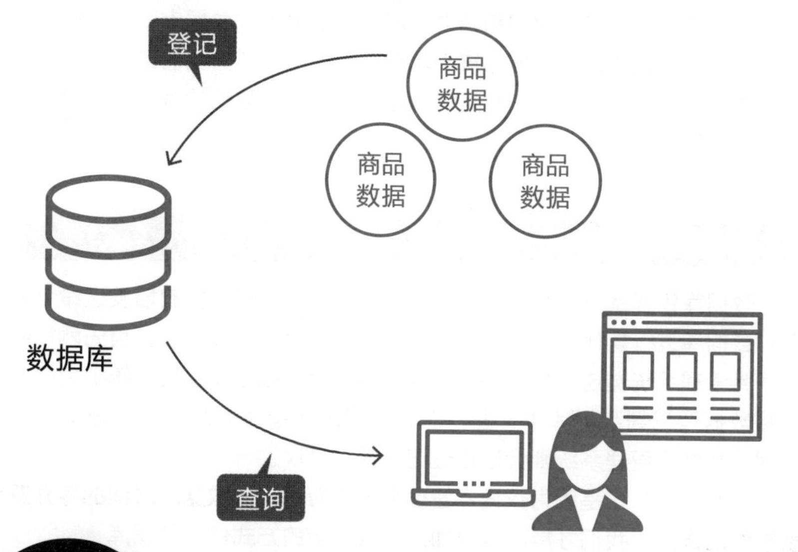

知识点

- 数据库的主要特征是登记、整理和查询。
- 买家之所以能够在购物网站的大量商品信息中快速地找到自己想要的商品，都是数据库的功劳。

运行数据库的系统

数据库管理系统及其作用

如果要对数据库进行处理，就需要使用对数据库进行管理的**数据库管理系统**（DataBase Management System，**DBMS**）。数据库管理系统除了具备数据的登记、整理和查询等功能之外，**还具备对登记的数据进行限制（只允许登记数值和日期，不允许登记空白数据等）的功能，还可以确保数据的一致性，防止前后数据出现矛盾。**此外，数据库管理系统还具备作为防止非法访问措施的数据加密功能、对可以处理数据的用户进行管理的与安全相关的功能，以及当发生故障时可以及时恢复数据的机制等（图1-5）。

要对数据进行管理，需要满足各种条件。如果是我们自己创建这样的系统，就需要花费大量的时间和精力。但是，如果引入数据库管理系统，由于其提供了用于处理大量数据的核心功能，因此可以减少我们自己进行数据管理所需耗费的人力和物力，并且可以让我们专注于数据的登记、整理和查询等操作（图1-6）。

数据库管理系统与数据库之间的关系

数据库管理系统是数据库的控制塔，只需要向这个控制塔发送命令就可以对数据库进行操作。例如，如果需要向数据库中添加数据，首先就需要向数据库管理系统发送“想要添加数据”的命令，数据库管理系统则会根据命令将数据登记到数据库中（图1-7）。如果发送错误的命令尝试登记非法的数据，数据库管理系统则会停止登记并返回错误。

由此可见，正是因为数据库管理系统**作为用户与数据库之间的媒介发挥着重要的作用**，我们才能够以更加方便且安全的方式使用数据库。

图1-5 数据库管理系统的作用

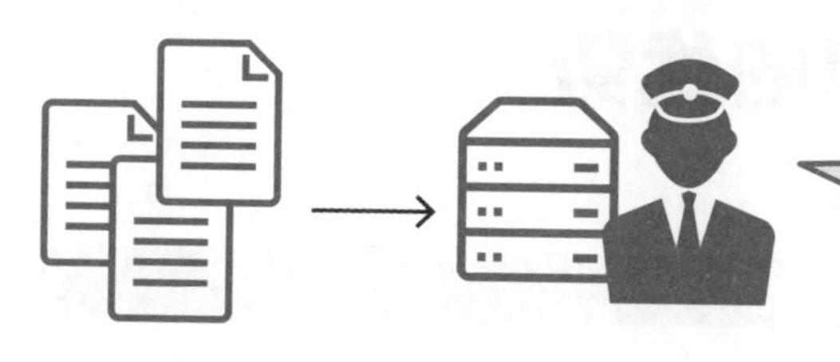

· 数据的登记、整理、查询
· 为数据设置限制条件
· 确保数据的一致性
· 保护数据免遭非法访问
· 发生故障时恢复数据

要管理大量的数据很是辛苦……

使用数据库管理系统管理数据

图1-6 引入数据库管理系统的优势

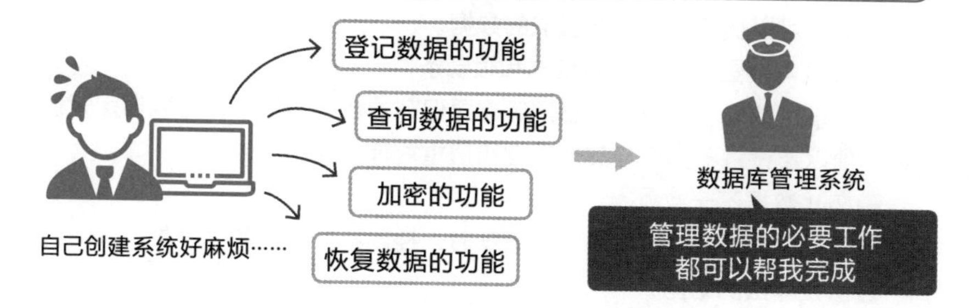

图1-7 数据库的操作流程

知识点

- 引入数据库管理系统之后，在处理大量数据时，就可以很方便地使用所需的各种功能。
- 当需要操作数据库时，只需要向数据库管理系统发送命令，数据库管理系统就会根据命令对数据库进行操作。

》使用数据库的优势

数据库管理系统的功能

数据库管理系统除了具备数据的登记、更新和删除这些基本的功能之外，还具备下列几种功能（图1-8）。

❶对数据进行排序和查询。

可以根据数值的大小对已登记的数据进行排序，可以**查询**包含特定字符串的数据，可以快速调用需要获取的数据。

❷确定需要登记的数据的格式和限制条件。

可以指定数值、字符串、日期等需要保存的数据的格式，可以指定默认保存的值以及设置不允许与其他数据和值重复等的**限制**条件。

❸防止数据不一致。

可以在多个用户同时编辑相同数据时，**控制**不一致的数据产生。

❹防止非法的访问。

通过设置用户的**访问权限**和对数据进行加密处理的方式，安全稳妥地保管敏感数据。

❺发生故障时**恢复**数据。

为了避免因发生系统故障而导致数据损坏或丢失，提供了对恢复数据功能的支持。

引入数据库管理系统之后，就可以使用**这些预先提供的用于管理数据的功能。**

图1-8 数据库管理系统的功能

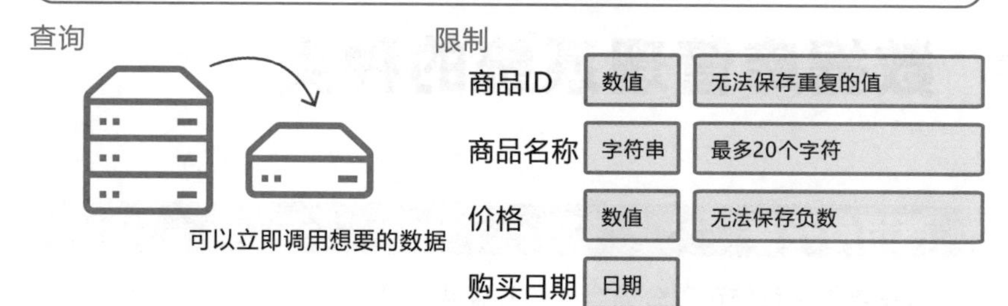

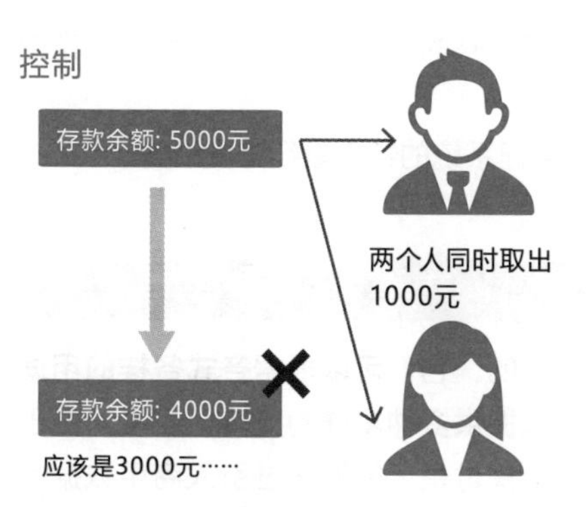

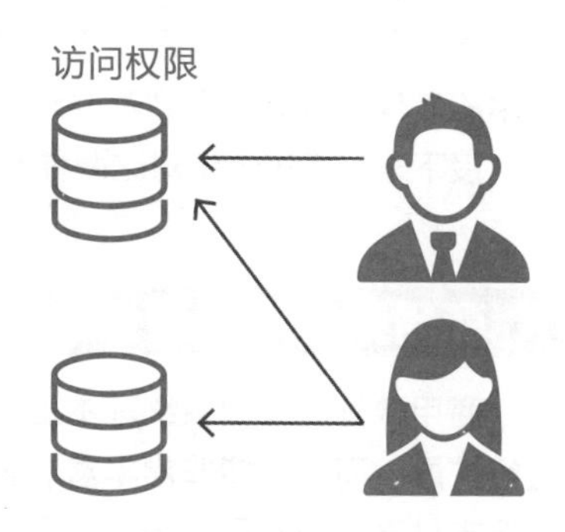

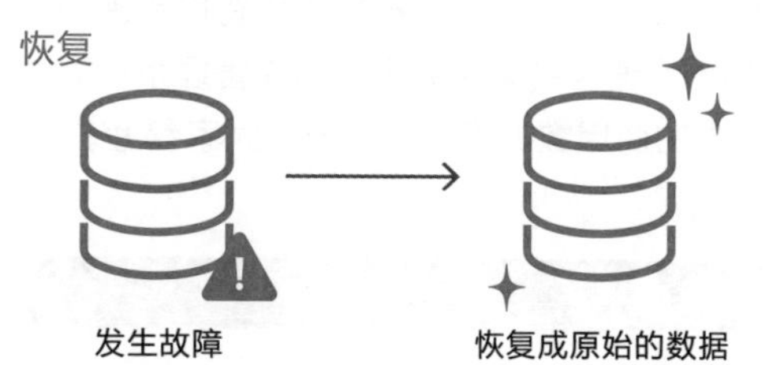

知识点

- 数据库管理系统提供了数据管理所需的必备功能。
- 数据库管理系统除了具备数据的登记、更新和删除功能之外，还提供了数据的排序和查询、指定数据的格式和限制条件、防止数据不一致和非法访问，以及发生故障时恢复数据等功能。

数据库管理系统的种类

商用与开源

数据库管理系统可以分为商用和开源两大类。

大多数**商用**数据库管理系统是由企业或个人开发并销售的，需要支付费用才能够使用。

而**开源**数据库管理系统由于源代码是公开的，是一种任何人都可以自由使用的软件，因此大多数都允许免费使用。

接下来，将进一步对这两种数据库管理系统的特点进行详细讲解。

商用数据库管理系统的特点

商用数据库管理系统基本上都是收费的，它们**可以根据各式各样的用途进行扩展，而且功能非常丰富，因此可以提供多种多样的支持。**但是，由于需要支付高昂的费用，因此，需要谨慎地探讨是否能够通过引入商用数据库管理系统获得物有所值的好处。

由于市面上存在很多在大型企业和大型系统中已经应用的有口皆碑的产品，因此，对可靠性有较高要求的场合通常会采用商用数据库管理系统。

图1-9中列举了一些具有代表性的商用数据库管理系统供大家参考。

开源数据库管理系统的特点

大多数开源数据库管理系统是可以免费使用的，因此大家可能会认为它们在功能和安全性以及性能等方面或许会差强人意，**但是这些软件都在不断地进行改进和升级，甚至在很多实际的生产场景中都可以正常运行。**不过，由于开源的数据库管理系统不提供技术支持，因此也存在如果不具备专业知识就很难运用的缺点。

图1-10 中列举了一些具有代表性的开源数据库管理系统供大家参考。

图1-9 **具有代表性的商用数据库管理系统**

名称	说明
Oracle	使用最为广泛的数据库管理系统。 被广泛地应用于大型企业和大型系统中，市场占有率高
Microsoft SQL Server	微软的数据库管理系统。 在商用数据库管理系统中的市场占有率仅次于Oracle。 也常被企业采用，并且可以与微软的产品兼容
IBM DB2	IBM 的数据库管理系统。 近年来，由于在数据库中加入了人工智能机制，因而减轻运营负担、支持使用自然语言查询和对用户容易忽视的问题进行自动提示等功能受到了人们的广泛关注

图1-10 **具有代表性的开源数据库管理系统**

名称	说明
MySQL	一种使用最为广泛的开源数据库管理系统。 目前由Oracle 进行维护，需要根据用途收取许可费用。 被很多Web 服务所采用。因执行速度快和轻量化的优点而广受好评
PostgreSQL	经常被拿来与MySQL 进行对比，进而成为其替代选项。 因可适用于绝大部分平台且功能丰富而广受好评
SQLite	可以嵌入到应用程序中使用的轻量级数据库。 虽然不适用于大型系统，但是易于使用
MongoDB	在一种被归类为NoSQL 的数据库中使用最广泛的数据库。 被称为面向文档的数据库，可以使用自定义的数据结构保存数据 （有关NoSQL 的内容请参考2-5小节）

知识点

- 数据库管理系统可以分为商用和开源两大类。
- 商用数据库管理系统基本上都是收费的，但是商用数据库管理系统往往可以经受市场的考验，其不仅具备丰富的功能，而且可以提供各种技术支持。
- 虽然大多数的开源数据库管理系统可以免费使用，但是要求用户必须具备更加深厚的专业知识。

» 用于操作数据库的命令

SQL是以对话的形式进行交流的

SQL是**一种专门用于向数据库发送命令的计算机语言。**将SQL语言的命令发送给数据库管理系统，数据库管理系统就可以根据该命令的内容对数据库进行操作（图1-11）。此外，SQL是一种标准化的语言。正如在1-5小节中所讲解的，数据库管理系统有很多种，但是大多数系统都可以使用通用的SQL语言。因此，只要记住SQL语言，就可以使用相同的命令对那些具有代表性的数据库管理系统进行操作。

此外，SQL还具有以对话的方式与数据库进行交流的特点。例如，当我们向数据库管理系统发送用于创建新的数据库的SQL命令时，接收到命令的数据库管理系统就会根据命令对数据库进行操作，在完成处理之后就会将执行结果返回。

使用SQL操作数据库，实际上就是通过人工发送命令，并等待数据库管理系统返回处理结果的类似于对话的方式，实现与数据库管理系统进行反复的一对一处理（图1-12）。

使用SQL可以实现什么

使用SQL可以执行与数据库相关的各种不同的处理。SQL的具体使用方法将在第3章中进行讲解。下面列举了一些使用SQL可以实现的处理。

- 创建和删除新的数据库和表。
- 添加、编辑和删除数据。
- 查询数据。
- 设置用户访问数据的权限。

图1-11 **SQL语言**

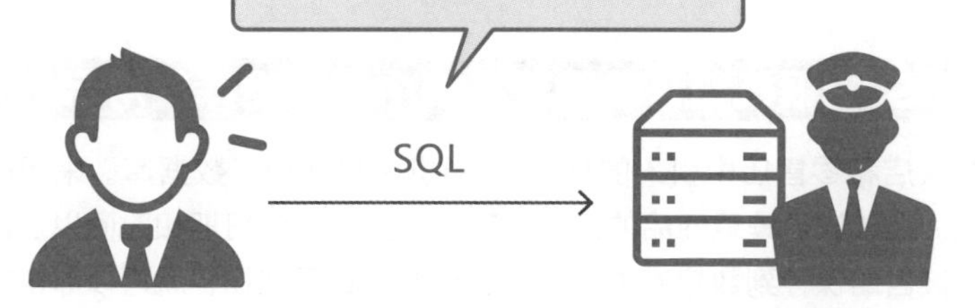

图1-12 **以对话的方式与数据库进行交流**

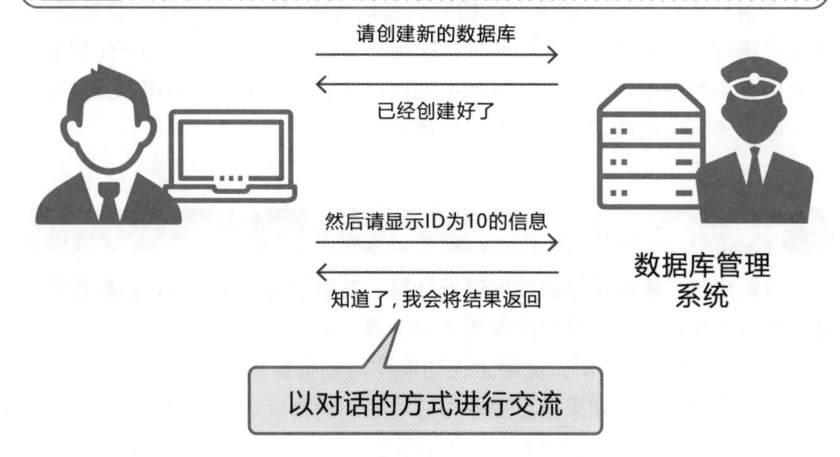

知识点

- 操作数据库时，需要使用SQL语言向数据库管理系统发送命令。
- SQL是以对话的形式与数据库管理系统进行交流的。

» 数据库的使用示例

POS 收银机和订单管理系统中的数据库使用示例

餐饮店和零售店中引入的**POS收银机**中也使用了数据库。采用的机制是当我们在收银台读取商品的条形码时，购买商品的日期和时间以及商品信息就会被自动保存到数据库中。通过这种方式记录数据，就可以非常轻松地查看当天销售的商品数量并完成销售额的汇总（图1-13）。此外，如果预先登记商品的库存，还可以从数据上根据已售商品的信息确认剩余的库存数量。

此外，那些可以对交通工具、旅馆、商店进行**订单管理**的Web 网站和智能手机应用程序中也使用了数据库，它们会将顾客数据保存到数据库中。使用应用程序将哪位顾客在何时预订了哪一个座位或者预订了哪一个房间等数据保存到数据库中，并对数据库中的预定数量进行统计，就可以实现在应用程序上显示出剩余可预订数量的处理。

积累的数据可用于分析

数据库具备**根据积累的数据进行计算，并提取符合特定条件的数据的功能。**可以使用这种功能将数据库用于**分析**场景中。

以POS 收银机为例，使用上述功能就可以根据销售数据快速完成每天的销售额汇总处理。如果按月提取每件商品的销售成绩，就可以得到“这件商品在夏天卖得很好，但是夏天一过就完全卖不出去”等信息；如果与顾客的会员信息进行对照，就可以得到“这件商品虽然卖得不怎么好，但是某些特定的顾客买过好几次”等信息；如果按照时间汇总销售额，就可以得到“这个时间段顾客很少”等信息（图1-14）。可以将这些数据作为分析材料，并根据分析出的信息制定改善方案以提升销售额。例如，可以通过改变商品的采购数量、销售的季节和销售的时间来提高销售额等。实际上，数据分析功能在很多应用场景中的确发挥着不可忽视的作用。

图1-13　POS 收银机中数据库的使用示例

图1-14　使用数据库进行数据分析

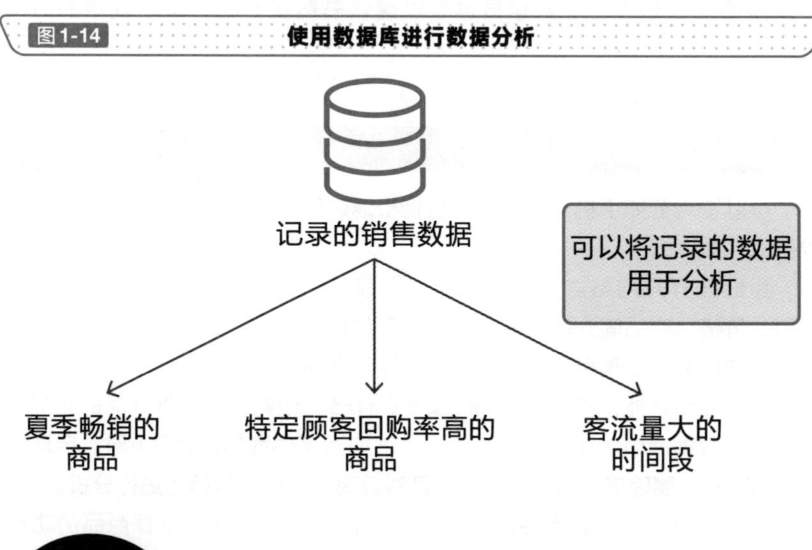

知识点

- 数据库的使用示例包括POS 收银机和订单管理系统。除此之外，数据库还可以用于保存销售数据和顾客数据。
- 数据库中积累的数据除了可以用于汇总销售额之外，在某些情况下，还可以作为数据分析的材料用于提高销售额和工作效率。

我们周围使用的数据库

图书馆的馆藏数据库

负责对**图书馆**中馆藏的大量书籍信息进行管理的也是数据库（图1-15）。

当引进了新的书籍时，就需要在数据库中登记书籍的名称、作者、类别和书架位置等信息。之后，就可以使用图书馆中的终端和Web网站基于保存的信息查找需要的书籍。

此外，在柜台借书或还书时，需要在数据库中记录由谁在何时借出或归还了哪本书籍的信息。因此，有了数据库，就可以**在需要的时候查看想要的书籍是否正在借阅中，管理员也可以确认书籍是否已经按照规定的时间归还。**

购物网站的商品数据库

可以使用智能手机和个人计算机轻松地进行购物的**购物网站**中也使用了数据库（图1-16）。

我们在打开网站之后看到的所有商品，它们的商品名称、图像URL、类别、价格、商品简介等信息都是保存在数据库中的。因此，我们可以借助数据库快速地通过类别和价格对商品进行筛选和排序。

除了商品之外，还可以将哪位顾客在什么时候购买了哪件商品的购买信息记录到数据库中。这样一来，就可以增加**当某件商品库存为0时，自动地从商品列表中删除该商品**的功能**，以及对畅销商品的销售趋势进行分析。**

此外，当需要引入商品的评论和基于过去的购买记录推荐商品的功能时，也可以通过数据库实现。

图1-15 图书馆中数据库的使用示例

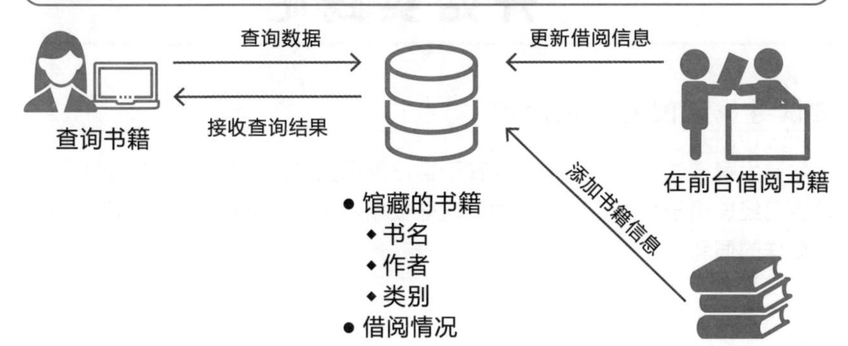

图1-16 购物网站中数据库的使用示例

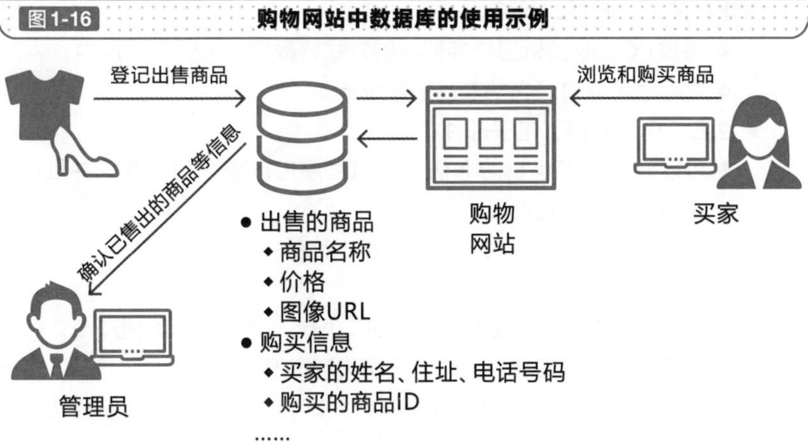

知识点

- 可以使用数据库对图书馆中馆藏的书籍和借阅信息进行管理，还可以将数据库用于书籍的查询系统，以及检查借阅状态等应用场景中。
- 购物网站可以将商品信息和顾客信息记录到数据库中，并将数据库用于显示查询和浏览产品的页面，以及用于分析畅销商品的趋势。

开始实践吧

尝试寻找周围的数据库吧

请大家尝试在下表中填入存在于自己周围的数据。然后，思考这些数据是否已经被用于数据库中。如果将这些数据用于创建数据库，会给我们带来什么样的便利。

-
-
-

解答示例

- 出的商品、数量、价格。
  - ◆ 通过POS 收银机扫描条形码的方式将数据记录到数据库中。
  - ◆ 之后就可以对畅销的商品进行统计。
- 姓名、电话号码、电子邮件。
  - ◆ 可以使用智能手机的通信录应用程序进行登记和修改，并且可以使用姓名进行查询。
- 图书馆中馆藏的书籍的名称、作者、类别、借阅状态。
  - ◆ 可以从终端查询馆藏的书籍。
- 图书馆借出书籍的名称、借阅日期、归还日期、会员编号。
  - ◆ 在柜台借出和归还书籍时，记录借阅情况。
  - ◆ 可以掌握正在出借的书籍和超过约定的时间还未归还书籍的会员的情况。

第2章

数据的存储方式

——关系型数据库的特征

» 不同的数据存储方式

数据模型的种类

数据库需要**按照一定的规则对数据进行存储**。这种存储数据的结构被称为**数据模型**，数据模型可以分为以下几种。

- **层次模型**
  层次模型就像一棵树有很多分支那样，是一对父母生育多个子女，每个子女又继续向下开枝散叶的一种模型，类似于公司的组织架构图（图2-1）。它采用的是一家公司设置多个部门，每个部门包含多个团队，每个团队又包含多个成员的结构。虽然这种结构有助于快速地查询数据，但是，如果一个成员属于多个团队，就会存在数据重复的情况。
- **网状模型**
  网状模型是一种使用网状结构表示数据的模型（图2-2）。层次模型采用的是一对父母拥有多个子女的结构，而网状模型采用的则是子女可以拥有多个父母的结构。虽然这种结构可以避免层次模型的缺点，也就是说，可以避免数据重复的问题，但是其也有自己的缺点。
- **关系模型**
  关系模型是一种将数据保存在由行和列组成的二维表格中的模型（图2-3）。其具有可以通过关联多张表格的方式，灵活处理各种数据的特征。无论是层次模型还是网状模型都需要知道数据的存储结构，如果结构发生变化，那么程序也需要一起进行修改。而关系模型受到这方面的影响比较小，因此更易于将程序代码和数据分开进行管理。由于关系模型更加方便使用，因此现在大多数数据库都会采用这种模型。1-5小节中介绍的**具有代表性的数据库管理系统基本上都采用了关系模型**。因此，在本书的后续章节中，会以使用关系模型为前提，对相关内容进行讲解。

图 2-1 层次模型

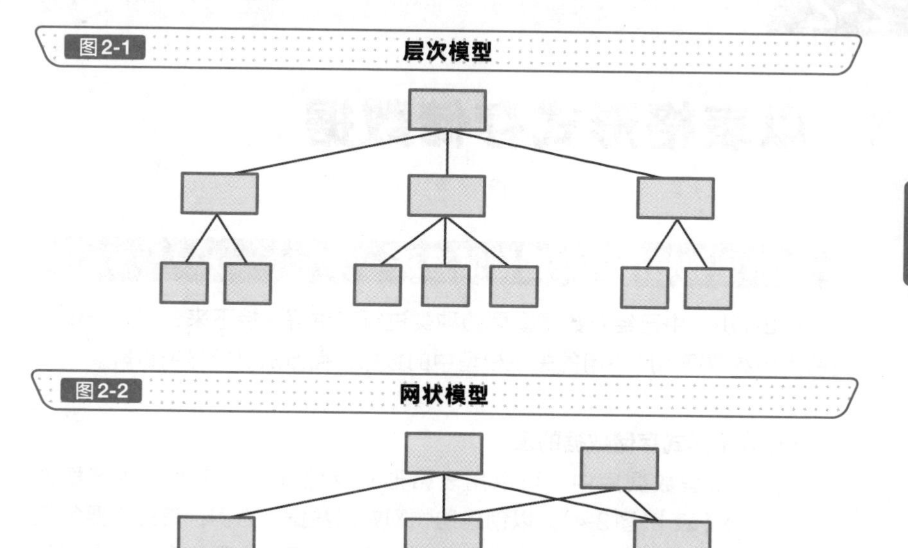

图 2-2 网状模型

图 2-3 关系模型

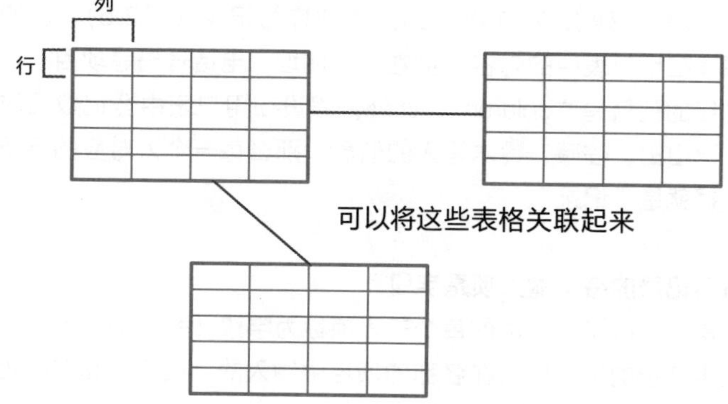

知识点

- 数据模型可以分为层次模型、网状模型和关系模型三种。
- 目前具有代表性的数据库基本上都采用了关系模型。

» 以表格形式存储数据

关系型数据库的数据存储方法

在2-1小节中已经对数据模型的种类进行了讲解，接下来，将进一步对目前大多数数据库所采用的关系模型中的数据存储方法进行详细讲解。

● 以表格形式存储数据的表

在关系型数据库中，可以用表格形式存储数据，这种表格被称为table（表）(图2-4)。以创建购物网站的数据库为例，首先需要创建一张用户表，用于保存已经在网站中注册会员的会员信息，还需要创建一张商品表，用于保存销售的商品信息。可以通过这种方式，**根据数据的种类创建各种不同的表。**

● 对应于列的列与对应于行的记录

虽然表是一种由行和列组成的二维表，但是其中对应列的部分被称为column（列），对应行的部分则被称为**记录**（图2-5）。例如，需要保存在用户表中的内容包括姓名、住址、电话号码等项目，这些项目对应的列就是“column”。此外，假设在用户表中登记数据时，需要登记山田、佐藤、铃木等人的信息，那么每一个人对应的行所包含的数据就是“记录”。

● 每条记录的每个输入项是字段

通常，将每条记录中的每个输入项称为**字段**（图2-6）。例如，在用户表中登记的记录中，在名称的项目中输入的“山田”和在住址的项目中输入的“东京都”等都是字段。※1

※1　有时也将列称为字段。

图2-4 **table是用于保存数据的表**

图2-5 **列对应column，行对应“记录”**

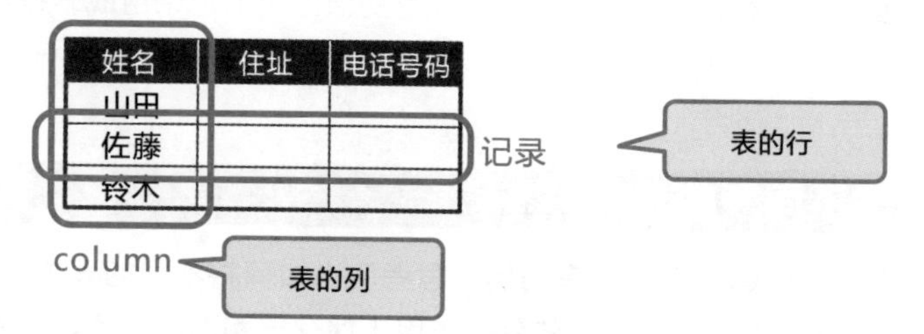

图2-6 **每条记录的每个输入项是“字段”**

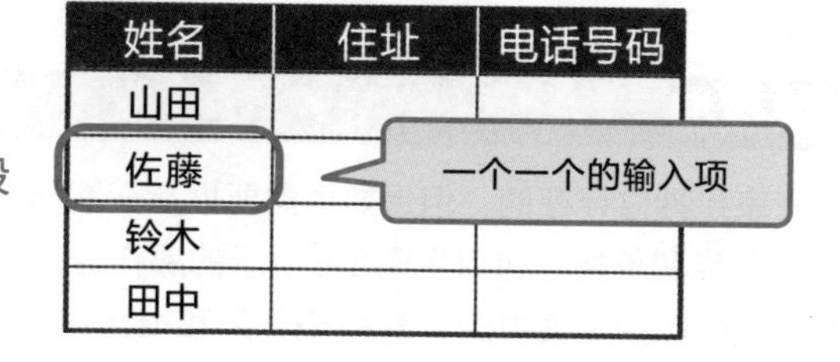

知识点

- table 是用于保存数据的表。
- column 相当于表中列的部分。
- 记录相当于表中行的部分。
- 字段相当于每条记录中的每一个输入项。

» 将各种表组合在一起

何谓表连接

在关系型数据库中，可以**通过将多个相关的表组合在一起的方式来获取数据**，这种方法被称为**表连接**。如果将不同的表连接在一起获取数据，则需要预先在两张相关的表中分别准备一个名称相同的列，并将这两个列作为关联两张表的键，然后再将与两个列中保存的值匹配的记录组成一行数据进行输出。

关联不同表的示例

接下来，以购物网站的表为例，思考应当如何将不同的表关联在一起。如图2-7所示，假设其中展示的是一张用于保存已购商品的客户姓名和商品ID 的users表，以及一张用于保存商品ID 和商品信息的items表。为了将这两张表关联起来，分别在表中创建了名为“商品ID”的共同的列。这样一来，就可以在users表中查看客户购买的商品的ID，如果需要进一步了解该商品的详细信息，则可以查看与items表中“商品ID”列的值匹配的记录。

批量获取数据

虽然这两张表是独立存在的，但是如果需要批量获取已购商品的客户姓名、已购商品的名称和价格，可以像图2-8所示的那样进行表连接处理。这样一来，就可以将与users表中的“商品ID”列和items表的“商品ID”列中保存的值匹配的记录组合在一起，从而批量获取需要的数据。

综上所述，采用将一张表与另外一张表关联起来的方式就可以通过关系型数据库获取各种类型的数据。

图2-7 关系不同的表连接示例

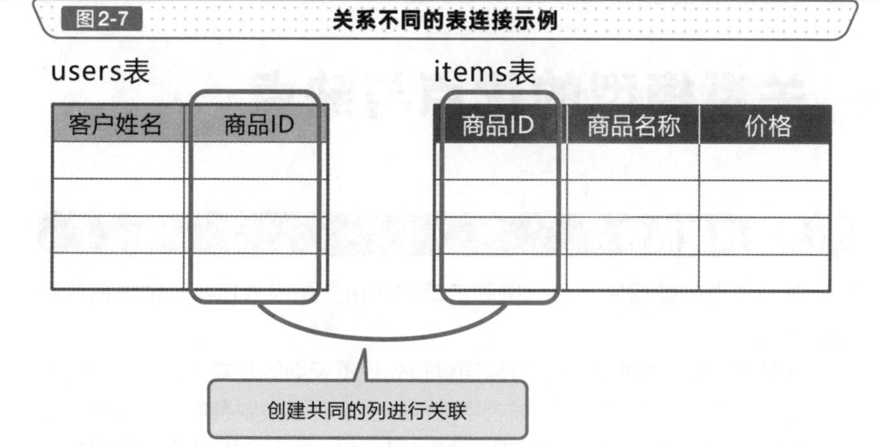

图2-8 表连接的示例

users表

客户姓名	商品ID
山田	2
铃木	3
佐藤	2

items表

商品ID	商品名称	价格
1	面包	100
2	牛奶	200
3	乳酪	150
4	鸡蛋	100

合并

客户姓名	商品名称	价格
山田	牛奶	200
铃木	乳酪	150
佐藤	牛奶	200

知识点

- 在关系型数据库中，通过组合多个相关表的方式来获取数据的处理被称为表连接。
- 将各种不同的表关联起来，就可以在关系型数据库中获取各种类型的数据。

关系模型的优点与缺点

关系模型的优点

关系模型的数据库之所以得到广泛的应用，是因为它具有很多的优点（图2-9）。

在关系模型的数据库中，可以通过预先设置规则的方式来保存数据。例如，可以指定只允许保存数值或者不能保存空字符等限制条件。这样就可以将数据统一成固定的格式。当然，关系模型的数据库**也提供了一种保护机制，当尝试登记不符合规范的数据时，系统会返回到处理前的状态以确保数据的一致性。**

此外，将数据保存在关联了多张表的数据结构中，可以防止因设计的原因而导致重复的数据分散在多个位置。因此，当需要更新数据时，只需要更新一个位置的数据即可，因此可以有效降低**更新成本**。

并且，还可以使用1-6小节中讲解的SQL 命令来登记、删除和获取数据，即使是那些条件复杂的数据查询和统计，也可以准确地执行处理并获取数据。

关系模型的缺点

关系模型也具有下列几个缺点（图2-10）。

首先，随着数据量的增长，**处理速度会显著下降**，那些复杂的处理和统计会成为导火索，造成很高的**延迟**。

其次，由于关系模型需要严格地确保数据的一致性，因此很难将数据**分散**地划分给不同的服务器来提高处理能力。

此外，也很难通过关系模型体现图表数据，以及XML 和JSON 这类非结构化的具有分层结构且非常灵活的数据格式。

图2-9 关系模型的优点

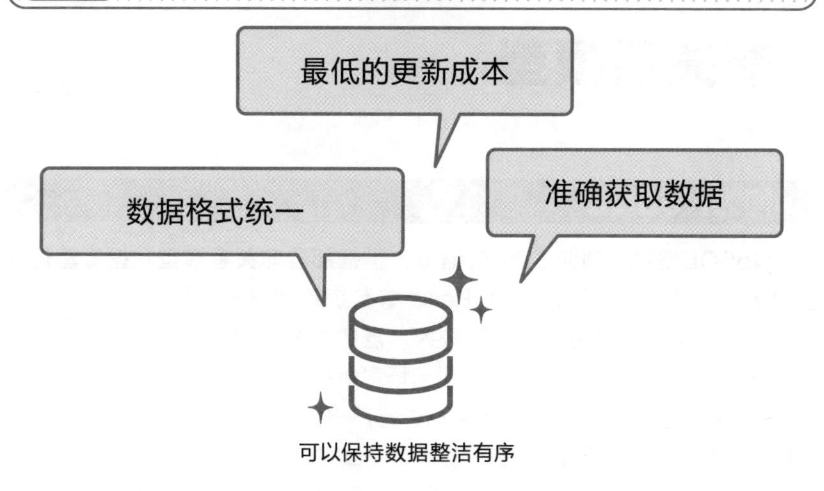

图2-10 关系模型的缺点

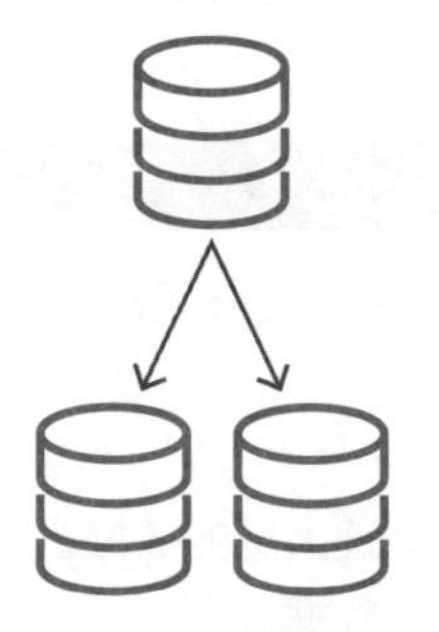

知识点

- 关系型数据库具备很多优点。例如，可以通过设置详细规则的方式来确保数据的一致性，以及可以准确地获取和登记信息等。
- 关系型数据库也存在不少缺点。例如，当数据量增加时处理速度会下降，无法分散地处理数据和数据表现形式不够灵活等。

非关系模型

何为NoSQL

NoSQL是Not Only SQL 的缩写，是**指那些非关系模型数据库管理系统的术语**。例如，MongoDB 和Redis 等数据库就属于非关系模型数据库。在此之前，虽然已经重点对应用较为广泛的关系模型进行了讲解，但实际上，近年来使用NoSQL 数据库的应用场景越来越多。

关系模型虽然可以对保存的数据进行严格的管理，并且可以确保数据的一致性和完整性，但是也存在处理大规模数据时的性能方面的问题。例如，处理速度慢和无法分散地处理等。尤其是近年来随着处理大数据等海量数据的需求的增加，出现了一些使用关系模型无法应对的情况，因此可以弥补其缺点的NoSQL 数据库逐渐成了人们关注的焦点（图2-11）。

NoSQL 的特征

被归类为NoSQL 的数据库具有以下特征。

- **优点**
  - 处理速度快，可以处理大量的数据。
  - 可以保存结构丰富的数据。
  - 可以分散地处理数据。
- **缺点**
  - 不支持关系模型中的数据合并操作。
  - 保持数据一致性和完整性的功能较为薄弱。
  - 大多数情况下无法使用事务功能（参考4-14小节）。

由于NoSQL 数据库**可以高速处理各种各样的大数据**，因此经常被应用于需要进行数据分析和实时处理的场景中（图2-12）。

图2-11 关系模型与NoSQL 的区别

图2-12 使用NoSQL的示例

知识点

- NoSQL 是指非关系型数据库管理系统。
- 在NoSQL 数据库中，由于高速处理大量数据的优先级高于数据的完整性，因此经常被应用于需要进行大规模的数据分析和要求实时处理的场景中。

NoSQL 数据库的种类①——键与值的组合模型

NoSQL数据库模型的种类

NoSQL数据库可以根据保存数据的方式分为多个种类。在本节和2-7小节中，将对几个模型进行讲解，以供大家参考。

- **键值类型**

  键值类型是一种需要将键与值的两种数据成对地进行保存的模型（图2-13）。值中需要保存记录的信息，而键中则需要保存识别该信息的值。例如，如果在键中登记了今天的日期，并在值中保存了温度和湿度等气象信息，之后就可以根据键中的日期获取值中登记的气象信息。这样一来，就可以不断地保存由一个键和对其进行识别的两个值组成的信息。可以说，键值类型是一种当需要根据键快速地提取信息时的最优模型。

  键值类型具有**结构简单、可以快速读写且便于在后台进行数据的分散处理等特征**。历史访问记录、购物车、页面缓存就是较为典型的使用键值类型的例子。

- **面向列型**

  面向列型是一种对键值类型进行扩展而成的数据结构。它允许用于识别一行数据的键对应于由多个键和值组成的数据对（图2-14）。

  由于是一行对多列的结构，因此与关系模型相似，但是列的名称和数量并不是固定的，具有**可以在每行的后面动态地添加列以及可以创建其他行中不存在的列**等特征。

  由于允许在每一行中保存不规则的数据，因此这种数据结构存在很多种用法。例如，可以在为每个用户分配的行中增加新的列，以便不断地添加新的信息。

图2-13 键值类型

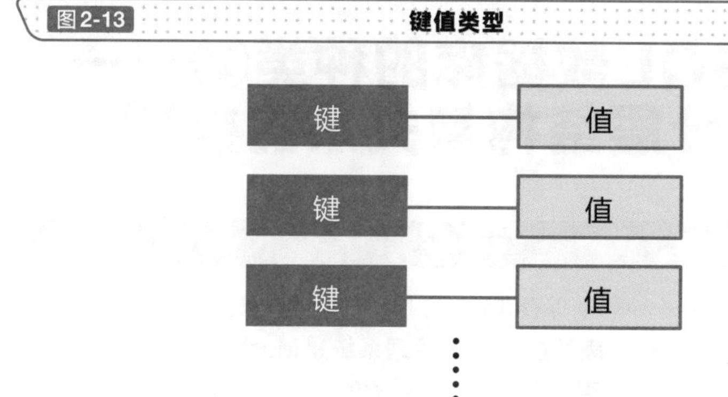

图2-14 面向列型

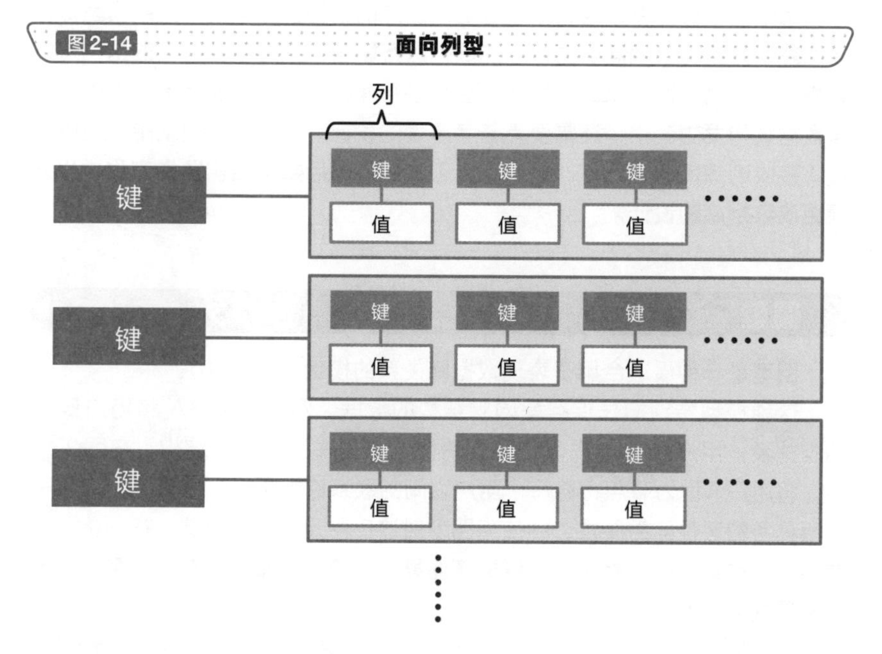

知识点

- 键值类型是一种可以将键与值两种数据成对地进行存储的模型。
- 面向列型是一种允许用于识别一行数据的键对应于由多个键和值组成的数据对的模型。

NoSQL数据库的种类②——表现分层结构与关系的模型

面向文档型

面向文档型是一种可以保存JSON 和XML 这类具备分层结构的数据的模型（图2-15）。具有代表性的数据库管理系统是MongoDB。具有无须预先设置表的结构，就可以直接引入自定义数据的优点。

例如，广泛应用于Web 应用程序的JSON 数据中通常都会包含多个项目，每个项目都具有数组和哈希等更深层次的结构。如果使用关系模型保存如此复杂的结构，就需要对保存的数据进行取舍，并对每种数据的结构进行分析，将数据转换成正确的格式之后再进行保存。此外，在使用过程中，如果数据结构发生变化，还需要重新考虑表的设计。而面向文档型由于可以直接将接收到的数据原封不动地保存，因此**即使以后数据结构发生变化，也无须更改数据库的设计。**

图型

图型是一种最适合用于表现数据间关系的模型（图2-16）。

这种模型特别擅长保存呈网状结构的数据。例如，用户A 和用户B 是朋友关系，用户B 和用户C 以及用户D 是朋友关系的数据结构。在图2-16中，将用户A称为节点，将每个用户之间的联系称为关系，然后将节点和关系所具备的属性称为属性，并使用图型对这三种元素进行存储。在图中可以看到，这种结构的优点是：当**需要查询某个用户的朋友的朋友等关系时，能够实现快速查询。**

可以使用图型根据每个用户的各种关系对用户感兴趣的内容进行分析，并将分析的结果用于购物网站的推荐系统，以及在地图应用程序中查询最高效的路径等。

图2-15 面向文档型

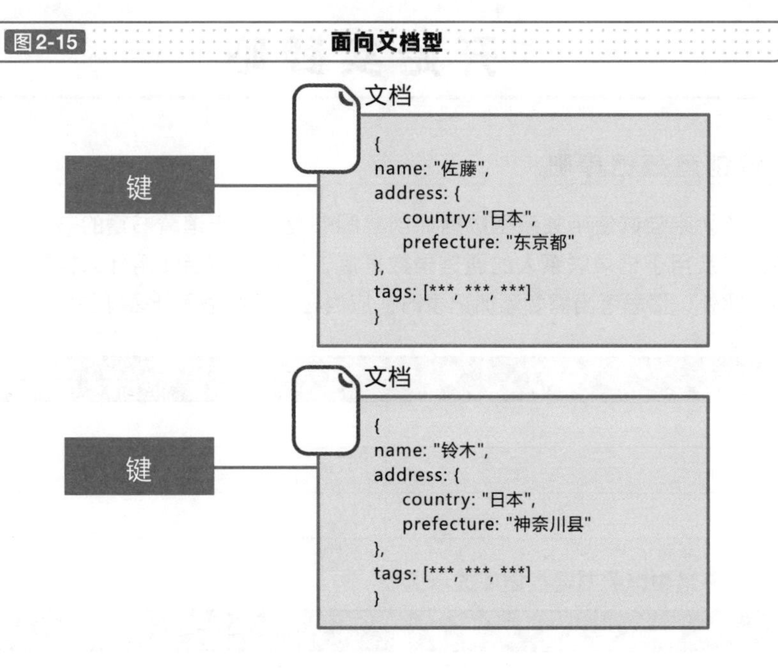

图2-16 图型

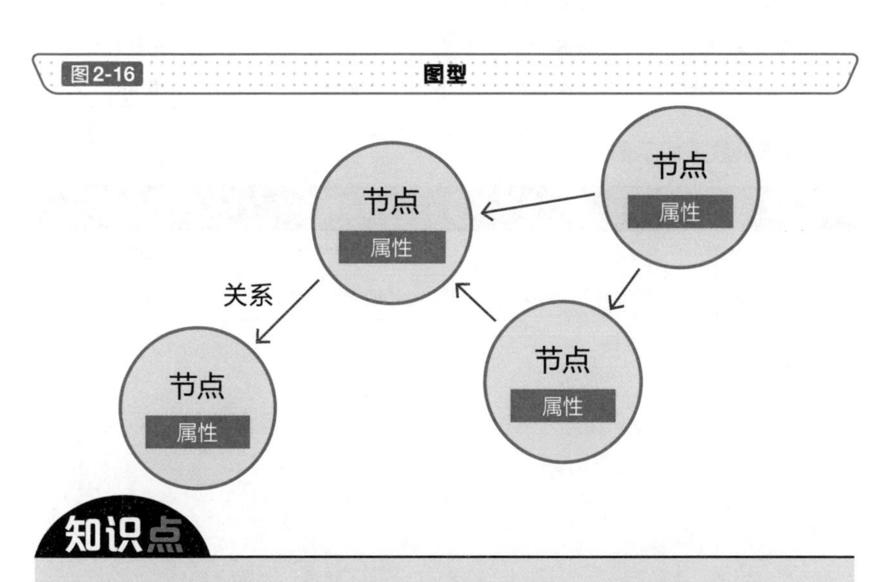

知识点

- 面向文档型是一种可以保存JSON 和XML 这类具备分层结构的数据的模型。
- 图型是一种可以体现关系的模型。

开始实践吧

尝试创建数据库吧

请大家尝试使用关系型数据库创建图书馆中用于馆藏书籍的书籍数据库，以及用于记录联系人的通信录数据库。请思考应当使用什么样的表和列。此外，请思考当需要添加记录时，应当在字段中输入什么样的值。

图书馆中馆藏书籍数据库的示例

书　名	作　者	类　别	情　况
编程入门	山田　太郎	IT	借阅中
数据库活用技巧	铃木　一郎	IT	馆藏中
工程师的工作诀窍	齐藤　次郎	商业	借阅中

通信录数据库示例

姓　名	拼　音	电话号码	电子邮箱地址
山田　太郎	yamada	090-****-****	yamada@***.com
铃木　一郎	suzuki	090-****-****	suzuki@***.com

第3章

操作数据库

——SQL的使用方法

操作数据库的准备工作

操作数据库的准备工作与连接方法

在1-6小节中，已经对用于操作数据库的SQL 语言进行了讲解。接下来，将对其中具体包括什么样的**SQL命令**进行讲解。

要使用SQL 命令操作数据库，首先必须做好准备工作——连接数据库管理系统。这一处理就相当于在互联网购物时登录购物网站的操作。当登录到网站之后，就可以查看自己的账户信息和购买的商品信息以及接收各种消息。同样，可以通过连接数据库的方式做好接收SQL 命令的准备。

连接数据库的标准做法，是**在允许输入命令的软件上执行连接数据库的命令**。虽然使用的命令因数据库管理系统而异，但是大多数情况下都需要输入主机名、用户名、密码和数据库名等信息。图3-1所示的命令就是一个MySQL 数据库管理系统的例子。

不使用命令进行连接

由于大家不是软件开发者，并不熟悉如何执行命令，因此操作起来可能会感觉比较困难。虽然具体的操作也取决于数据库管理系统，但是，可以使用多种不同的方法进行操作。例如，有些数据库管理系统可以使用专用的客户端软件进行连接，有些数据库管理系统则可以通过使用浏览器访问专用管理页面的方式来操作数据库（图3-2）。使用这些方法，就可以**在不使用命令的情况下，像使用个人计算机中的软件那样，通过直接操作的方式连接和操作数据库**。不过，这也取决于所使用的软件提供了多少功能，如果需要进行更加复杂的操作和更加详细的设置，可能还是需要使用SQL 命令。

图3-1 连接数据库

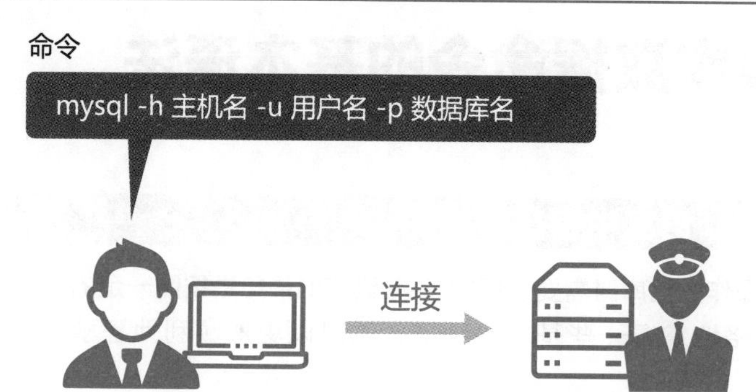

图3-2 从客户端软件和管理页面进行连接

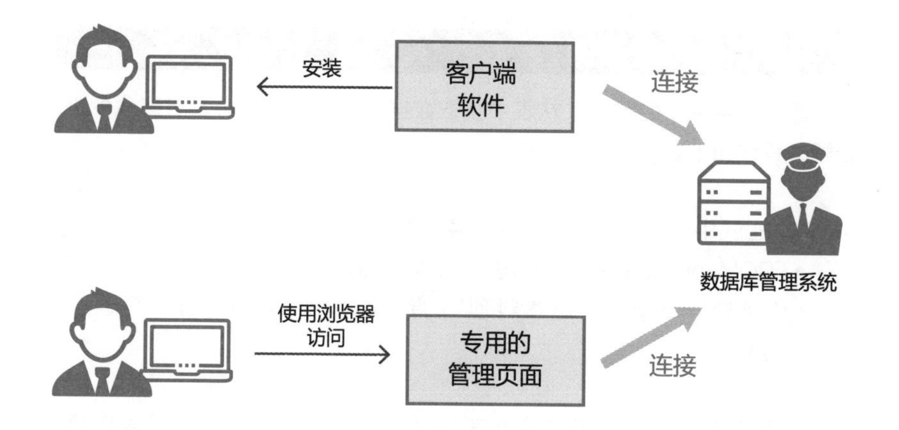

知识点

- 需要先连接数据库管理系统，才能使用SQL 命令操作数据库。
- 连接数据库时，除了使用命令并行连接的方法之外，还包括使用专用的客户端软件和访问管理页面等连接方法。

操作数据命令的基本语法

SQL 语言中存在的规则

在操作数据库时需要使用的**SQL语言的语句**是按照一定的规则组成的。如果粗略地掌握一些基本的语法，就可以更加顺利地理解这种计算机语言。

SQL 语句基本上是一种由**需要指定的项目和一组值组成的复合语句**。例如，在图3-3中，名为SELECT语句的命令就是由一个项目和一组值组成的，并且始终会有一个分号（;）位于语句的结尾（有关SELECT的内容请参考3-7小节）。

SQL 语句的示例

图3-4 中展示的是一个从表中获取数据的命令示例。可以对该命令进行分解，具体如下。

- SELECT name：显示name列中的值。
- FROM menus：从menus表中获取数据。
- WHERE category='日本料理'：查询category列为“日本料理”的记录。

如果将以上三点内容结合起来，就是一个从名为menus的表中查询category列为“日本料理”的记录，并对该记录中的name列的值进行显示的命令。

在这里，以从表中获取数据的SQL 语句为例进行了讲解。除此之外，还存在添加、编辑和删除记录等各种不同的操作，这些操作也可以使用刚刚讲解的语法来实现（图3-5）。因此，如果记住FROM和WHERE等项目的含义，理解SQL 语句就会变得更加轻松。

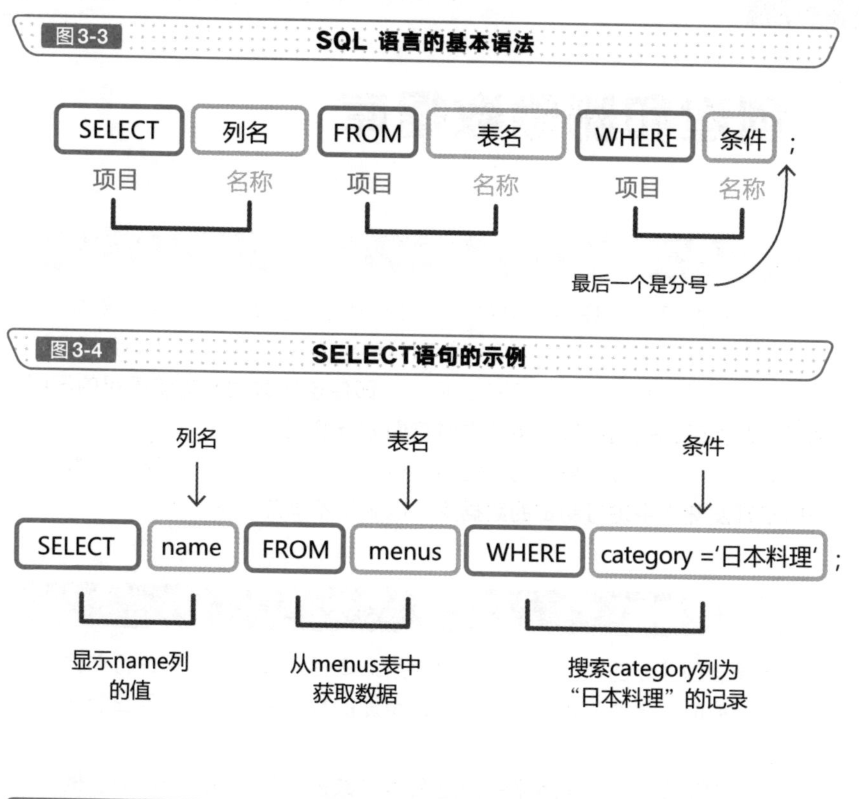

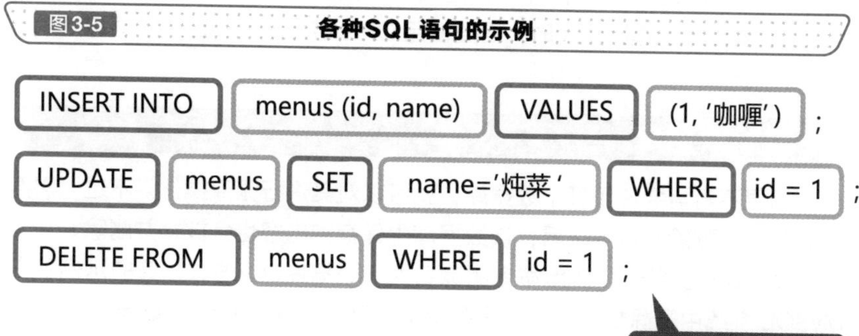

知识点

- SQL 语言基本上是一种由指定的项目和一组值组成的组合。
- 语句的结尾需要添加分号（;）。

» 创建和删除数据库

管理多个数据库

可以在数据库管理系统中对多个数据库进行管理（图3-6）。例如，可以创建一个专门用于管理某个店铺的商品信息的数据库，还可以另外创建一个专门用于管理日程应用程序的数据库。**即使这些数据库的使用目的不同，也可以在相同的数据库管理系统中对它们进行管理**。

此外，在开发应用程序的过程中，可以分别创建用于生产环境的数据库和**用于开发环境中进行测试的数据库**，以满足不同的需求。

创建数据库

当需要创建新的数据库时，可以使用命令指定数据库名称进行创建。在创建数据库时，建议设置一个容易区分用途的数据库名称，方便日后使用时进行区分。

图3-7所示是一个使用命令创建名为“数据库D”的数据库的示例。在MySQL系统中创建数据库时，需要使用**CREATE DATABASE**语句。

删除数据库

如果不再需要使用某个数据库，就可以对其进行删除操作。不过，需要注意的是，删除数据库之后，该数据库中保存的内容也会被一并删除。

图3-8所示是一个使用命令删除名为“数据库D”的数据库的示例。在MySQL系统中删除数据库时，需要使用**DROP DATABASE**语句。

图3-6 管理多个数据库

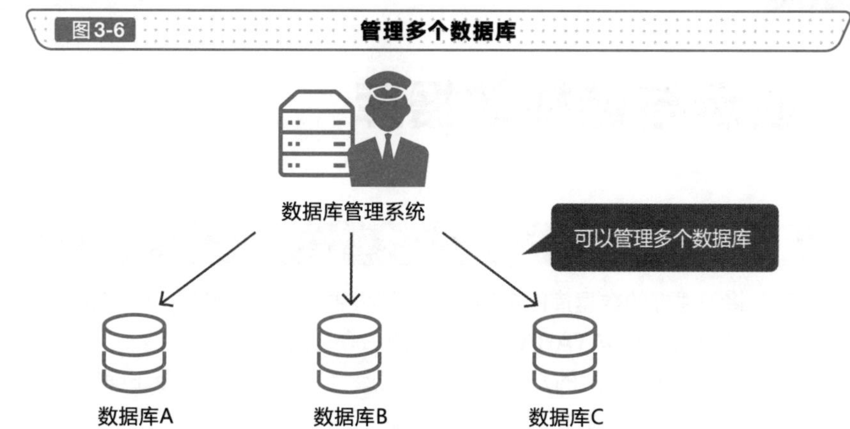

图3-7 数据库的创建

命令

CREATE DATABASE 数据库D;

图3-8 数据库的删除

命令

DROP DATABASE 数据库D;

知识点

- 可以在数据库管理系统中对多个数据库进行管理。
- 在创建数据库时，需要使用CREATE DATABASE语句。
- 在删除数据库时，需要使用DROP DATABASE语句。

显示与选择数据库

显示数据库

可以将创建好的数据库的名称显示在列表中。如果是在MySQL系统中，就需要使用**SHOW DATABASES**之类的命令（图3-9）。

按照3-3小节中讲解的方法创建好数据库之后，在检查是否正确创建了数据库时，以及在删除数据库之前或者在之后将要讲解的选择数据库时，都可以通过显示数据库列表的方式查看需要操作的数据库的名称。

选择和使用数据库

当需要对数据库进行某些操作时，**需要预先指定应当从众多数据库中选择哪一个数据库进行操作**。如果使用的是MySQL系统，就需要使用**USE**命令，如图3-10所示，在USE的后面指定数据库名称来声明自己接下来将要使用这个名称的数据库，之后的操作就可以在指定的数据库中执行。

在下一节中将要讲解的创建和删除表以及获取数据等处理，就是在指定的数据库中实现的。因此，在执行这些处理之前，必须预先指定需要对哪一个数据库进行操作。

切换数据库

如果正在执行某个数据库的处理，但是因为某些原因需要切换到另一个数据库进行某些操作，那么此时就可以再次执行USE命令来指定另一个数据库。之后，就可以在新切换的数据库中执行后续命令。

图3-9 **显示数据库**

命令

SHOW DATABASES;

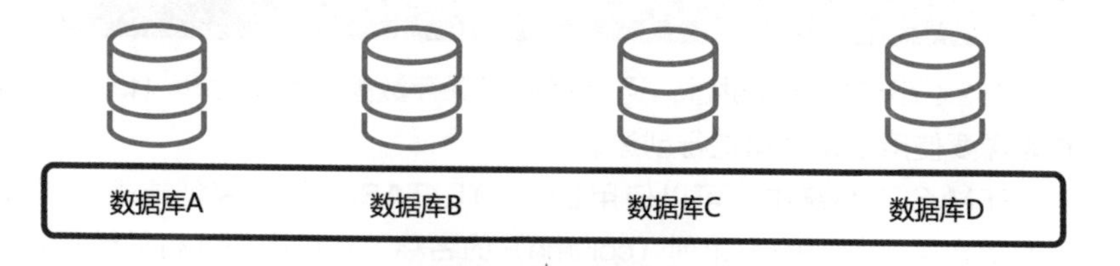

可以查看数据库的名称

图3-10 **数据库的选择**

命令

USE 数据库C;

接下来使用此数据库

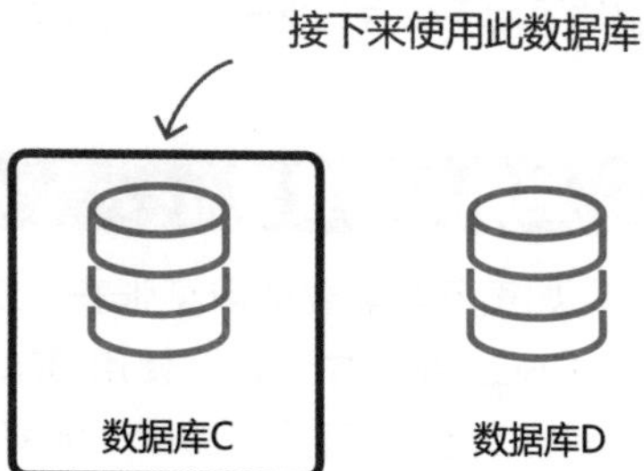

知识点

- 在需要显示数据库的名称时，可以使用SHOW DATABASES命令。
- 在对数据库进行操作时，首先需要使用USE命令选择具体的数据库。

» 创建和删除表

表的创建

在2-2小节中已经讲过，通常将用于保存数据的表称为表（table）。这种表需要使用SQL语句进行创建。

在MySQL系统中，可以使用**CREATE TABLE**语句来创建表。此时，需要指定需要创建的表和列（column）的名称、数据类型（有关数据类型的内容请参考4-1小节）。如图3-11所示，创建了包含id和name列的名为menus的表。

可以在数据库中创建多张表

可以在3-3小节中创建的一个数据库中创建多张表。不过，一张表中只允许保存第一次设置的列的项目。通常情况下，如果要保存其他类型的数据，就**需要创建其他的表，并对表进行分开管理**。例如，在图书馆数据库中，就创建了用于保存馆藏书籍信息的表和保存书籍借阅记录的表（图3-12）。

删除和查看表

如果不再需要使用某张表，或者错误地创建了某张表，可以删除该表。在MySQL 系统中，需要使用**DROP TABLE**语句指定需要删除的表名。如图3-13所示，删除了名为menus的表。

此外，也可以查看自己创建的表。在MySQL 系统中，需要使用SHOW TABLES命令。使用这个命令可以**查看是否正确地创建了表，以及数据库中包含了什么样的表**。

图3-11　表的创建

命令

```
CREATE TABLE menus (id INT, name VARCHAR(100));
```

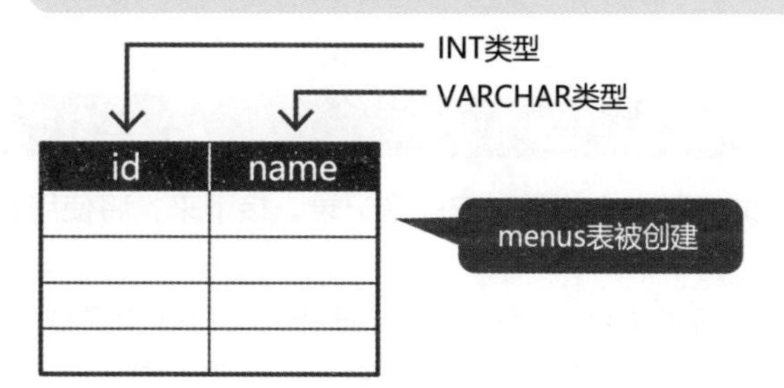

图3-12　在数据库中创建多张表

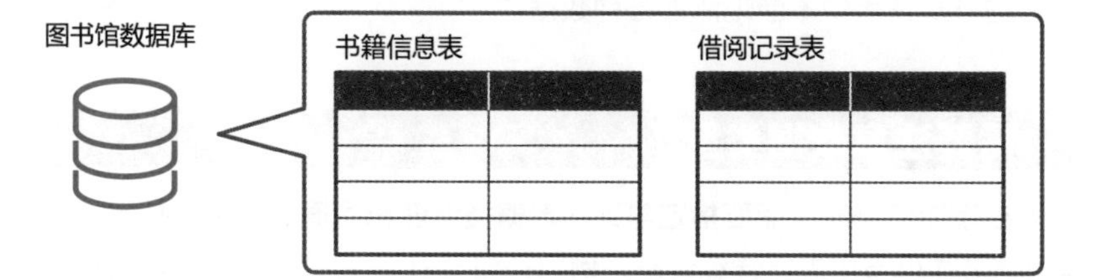

图3-13　表的删除

命令

```
DROP TABLE menus;
```

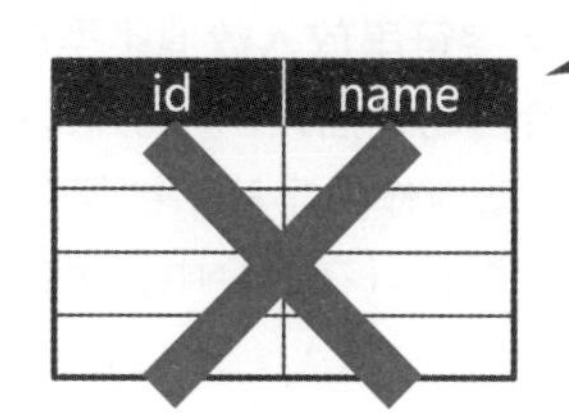

知识点

- 在创建表时，需要使用CREATE TABLE语句。
- 在删除表时，需要使用DROP TABLE语句。
- 使用SHOW TABLES命令可以列出并显示表。

» 添加记录

记录（行）的添加

在2-2小节中已经讲解了表中的行对应的是记录。接下来，将使用SQL语句向表中添加记录。

在MySQL 系统中，向表中添加记录时需要使用INSERT INTO语句。要指定需要添加数据的表的名称、每个列名和需要放入其中的值。

如图3-14所示，在menus表中添加了id 为1、name为“咖喱”的记录。然后可以接着添加id 为2、name 为“炖菜”的记录，之后也可以按照同样的方式在表中不断地添加各种数据。

需要注意数据类型

在添加记录时，需要**指定与列的数据类型匹配的值**。有关数据类型的内容将在4-1小节中进行详细讲解。例如，如果id 列为数值类型，那么该列中就不能放入除数值之外的任何数据（图3-15）。

虽然不同的数据库管理系统，其具体的行为也会有所不同，但是如果尝试在列中保存与指定类型不符的值时，就可能会发生错误。不过，有时也可以将值转换成与该列的数据类型匹配的格式再进行保存。

例如，当一定要将字符串放入数值类型的列中时，如果是在MySQL系统中，id列的值中就会自动地插入0。此外，如果尝试将数值1 放入字符串类型的列中，1就会自动地作为字符串被保存。即使是相同的1，系统也会在数据中区分字符串和数值（在命令中，虽然1也是数值，但是1会作为字符串处理）。

图3-14 插入新记录

命令

```
INSERT INTO menus (id, name) VALUES (1, '咖喱');
```

menus 表

id	name
1	咖喱

图3-15 无法输入与列的数据类型不匹配的值

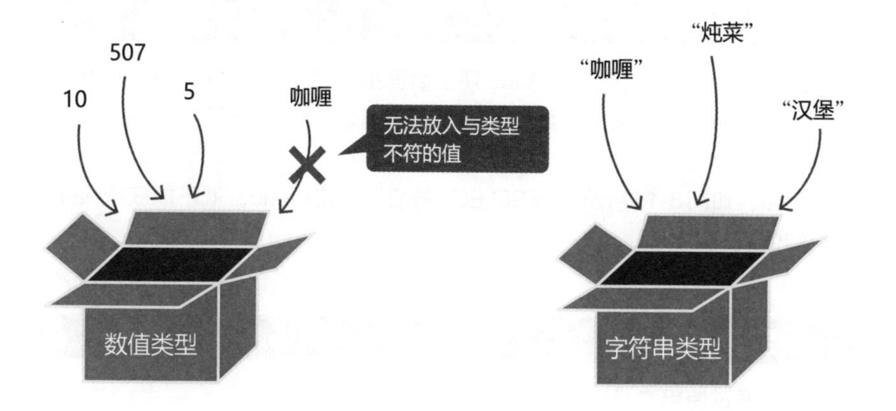

知识点

- 向表中添加记录时，需要使用INSERT INTO语句。
- 在添加记录时，需要指定与列的数据类型匹配的值。

获取数据

数据的获取

当需要从保存了用户信息的表中查看联系方式，或者从保存了日程安排的表中查看今天的日程安排时，就需要获取表中保存的数据。在这种情况下，可以**通过各种方式查询表中保存的记录以获取需要的数据**。

在获取表中保存的记录时，需要使用**SELECT**语句指定需要获取的表的名称。

图3-16所示是从menus表中获取数据的示例。执行命令之后，就可以获取表中保存的所有数据。

仅查看指定列中的值

如图3-16所示，如果在SELECT的后面指定“*”，就可以查看表中所有列中的值。另外，如果指定具体的列而不是指定“*”，则只能查看指定列中的值。

例如，如图3-17所示，在SELECT的后面指定name，就不能获取name列中的值。

指定多个列

可以通过使用“,”分隔列名的方式来指定多个列。

如图3-17所示，如果将name替换成“name, category”，就可以获取name和category列中的值。由此可见，**数据库提供了各种检索方式来查询保存在其中的值，以便于立即找到需要的数据**。

图3-16　从表中获取数据的结果的示例

命令

```
SELECT * FROM menus;
```

获取保存的记录

menus 表

name	category
汉堡	西餐
土豆炖肉	日本料理
蛋包饭	西餐

图3-17　指定列的结果的示例

命令

```
SELECT name FROM menus;
```

menus 表

name	category
汉堡	西餐
土豆炖肉	日本料理
蛋包饭	西餐

仅获取name列的值

知识点

- 在获取表中保存的记录时，需要使用SELECT语句。
- 在SELECT的后面指定“*”可以获取所有列中的值，指定具体的列名，则仅获取指定列中的值。

缩小范围查找符合条件的记录

指定查询条件

我们已经知道，使用3-7小节中讲解的方法可以获取表中所有的记录。如果数据的数量较少，这样做是完全没有问题的，但是如果一张表中登记了几千条甚至几万条记录，要找到需要的记录就变得非常困难。在这种情况下，就可以使用**WHERE**来**缩小范围查找符合条件的记录**。

当只需要获取保存在某个列中的与指定值匹配的值的记录时，就可以使用“=”作为查询条件。例如，需要从users表中查询age列中的值为21的数据时，就可以在WHERE的后面指定“age = 21”这一条件（图3-18）。

获取与多个查询条件匹配的记录

当需要指定多个查询条件时，可以使用**AND**。如果需要从users表中查询name列中的值为“山田”，age列中的值为21的数据时，就需要使用AND连接“name ='山田'”和“age = 21”这两个条件（图3-19）。

此外，如果需要查询符合多个查询条件中的任何一个条件的数据，可以使用**OR**。例如，如果需要从users表中查询name列中的值为“佐藤”或者“铃木”的数据，就可以使用OR连接“name ='佐藤'”和“name ='铃木'”这两个条件，如图3-20所示。

如何指定更加复杂的查询条件

还可以通过组合AND和OR的方式指定更加复杂的条件。例如，在WHERE的后面指定“age = 32 AND (name ='佐藤' OR name ='铃木')”，就可以查询age列中的值为32与name列中的值为“佐藤”或者“铃木”的数据（图3-20）。

图3-18 查询条件的指定

命令

```
SELECT * FROM users WHERE age = 21;
```

name	age
山田	21
佐藤	36
铃木	30
山本	18

获取age为21的记录

图3-19 指定多个查询条件的场合（AND）

命令

```
SELECT * FROM users WHERE name ='山田' AND age = 21;
```

name	age
山田	21
佐藤	36
铃木	30
山本	18

获取name为“山田”，age为21的记录

图3-20 指定多个查询条件的场合（OR）

命令

```
SELECT * FROM users WHERE name ='佐藤' OR name ='铃木';
```

name	age
山田	21
佐藤	36
铃木	30
山本	18

获取name为“佐藤”或name为“铃木”的记录

知识点

- 如果需要缩小范围查找符合条件的记录，就可以使用WHERE。
- 如果仅获取与指定的值匹配的记录，则可以在查询条件中使用“=”。
- 如果指定多个查询条件，则可以使用AND；如果查询与其中一个查询条件匹配的数据，则可以使用OR。

用于查询的符号①——不相等的值、指定值的范围

查询条件中常用的运算符

通常将查询条件中使用的符号称为运算符。在3-8小节中，使用运算符“=”指定了查询条件。除此之外，还有其他各种不同的运算符可供使用。接下来，将对查询条件中常用的运算符进行讲解。

指定的值不相等（!=）

如果将3-8小节中讲解的“=”替换成“!=”，就可以**查询与某个值不相等的数据**。例如，如果指定“age != 21”，就可以查询age列中的值不是21的数据。

是否大于或小于某个值（>、<，>=、<=）

如果在查询条件中使用“>”，就可以**查询保存的值大于某个指定值的数据**。

如图3-21所示，其中展示的是查询age列中的值大于30 的数据（不包含30）的示例。如果将“>”替换成“>=”，则可以查询大于等于30（包含30 ）的数据。

按照同样的方式，使用“<”就可以指定小于指定值的条件；使用“<=”则可以指定小于等于指定值的条件。

是否在某个值的范围之内（BETWEEN）

如果使用BETWEEN，就可以**查询包含在两个值的范围之内的数据**。如图3-22所示，其中查询的是age列中的值大于等于21且小于等于25的数据。

此外，如果将BETWEEN替换成NOT BETWEEN，就可以查询age列中的值不是大于等于21 且小于等于25 的数据。

图3-21 使用“>”获取数据

命令

```
SELECT * FROM users WHERE age >30;
```

name	age
山田	21
佐藤	36
铃木	30
山本	18

获取age大于30的记录

图3-22 使用BETWEEN获取数据

命令

```
SELECT * FROM users WHERE age BETWEEN 21 AND 25;
```

name	age
山田	21
佐藤	36
铃木	30
山本	18

获取age为21 ~ 25范围内的记录

知识点

- 在需要获取与指定值不相等的记录时，可以在查询条件中使用运算符“!=”。
- 在使用查询条件来表示一个值是大于还是小于某个值时，可以使用“>”“<”“>=”和“<=”等运算符。
- 在使用查询条件来表示某些数据是否在一定的取值范围内时，可以使用BETWEEN。

» 用于查询的符号②——包含值的数据、查询空数据

是否包含任意一种值（IN）

可以使用IN来**查询包含任意指定值的数据**。如图3-23所示，其中查询的是age列中的值为21或30的数据。

此外，在将IN替换成NOT IN之后，可以查询age列中的值不是21或30 的数据。

是否包含特定字符（LIKE）

如果使用LIKE，就可以**查询包含指定字符的数据**。如图3-24所示，其中查询的是name列中的值以“山”开头的数据。此外，如果将LIKE替换成NOT LIKE，就可以查询name列中的值不以“山”开头的数据。

查询条件中使用的“%”表示的是0 个及多个字符的字符串。因此，如果将“山%”替换成“% 山”，就可以查询结尾为“山”的数据。如果使用“% 山%”，则可以查询包含“山”的数据。除了“%”之外，还有一种用于表示一个字符的字符串“_”。

是否为NULL（IS NULL）

不包含任何值的字段可以用NULL表示（参考4-8小节）。如果使用IS NULL，就可以**查询值为NULL的数据**。如图3-25所示，其中查询的是age列中的值为NULL 的数据。

此外，如果将IS NULL替换成IS NOT NULL，还可以查询age列中的值不是NULL的数据。

图3-23 使用IN获取数据

命令

```
SELECT * FROM users WHERE age IN (21, 30);
```

name	age
山田	21
佐藤	36
铃木	30
山本	18

获取age为21或30的记录

图3-24 使用LIKE获取数据

命令

```
SELECT * FROM users WHERE name LIKE '山%' ;
```

name	age
山田	21
佐藤	36
铃木	30
山本	18

获取name以“山”开头的记录

图3-25 使用IS NULL获取数据

命令

```
SELECT * FROM users WHERE age IS NULL;
```

name	age
山田	21
佐藤	36
铃木	NULL
山本	18

获取age为NULL的记录

知识点

- 当需要查询数据中是否包含指定的任意值时，可以在查询条件中使用IN。
- 当需要查询数据中是否包含某个字符时，可以在查询条件中使用LIKE。
- 当需要查询值是否为NULL时，可以在查询条件中使用IS NULL。

» 更新记录

记录的更新

针对那些保存在表中的记录，可以根据具体情况**在插入后将其编辑成其他的内容**。例如，当用户的联系方式发生变化时，或者当需要更改保存用户信息的表中的信息时，再或者需要对登记的错误数据进行更正时，就可以对记录进行更新。

更新记录的命令

当需要更新表中保存的记录时，可以使用**UPDATE**语句。可以将该语句用于指定需要更新的表名、列名、更新后的值和需要更新的记录的条件。

图3-26所示是一个对menus表中id列的值为1的记录进行更新的示例。从图中可以看到，将name列中的值更改成了“炖菜”。可以通过这种方式，在SET的后面指定需要更新的目标列和更新后的值。在指定更新后的值时，像“id = 2, name ='炖菜'”这样使用逗号（,）进行分隔，可以对多个列名和值进行指定。

组合查询条件

通常情况下，UPDATE语句需要与3-8小节中讲解的WHERE语句组合起来指定需要更新的记录。在上面的示例中，将id列中的值为1的记录作为需要更新的目标进行了指定。实际上，还可以使用其他运算符将各种查询条件指定为需要更新的目标。

如图3-27所示，将users表中age列的值大于等于30的记录中的status列的值更新成了1。除此之外，如果在WHERE的后面添加“name LIKE'山%'”条件，就只会更新name列中的值以“山”开头的记录。

图3-26 **记录的更新**

命令

```
UPDATE menus SET name ='炖菜' WHERE id = 1;
```

menus 表

id	name
1	咖喱→ 炖菜
2	汉堡
3	拉面
4	三明治

更新id为1的记录

图3-27 **与“>=”组合起来更新记录**

命令

```
UPDATE users SET status = 1 WHERE age >= 30;
```

users 表

name	age	status
山田	21	0
佐藤	36	0 → 1
铃木	30	0 → 1
山本	18	0

更新age大于等于30的记录

知识点

- 当需要更新表中保存的记录时，可以使用UPDATE语句。
- UPDATE语句通常需要与WHERE语句组合起来指定需要更新的记录。

删除记录

记录的删除

例如，如果需要删除已经注销会员的用户信息，或者需要删除以前登记的错误数据，就可以**根据具体情况删除表中保存的记录**。

在删除表中保存的记录时，可以使用**DELETE**语句指定需要删除的表名和要删除的记录的条件。

如图3-28所示，删除了menus表中id列的值为1的记录。

组合查询条件

DELETE语句与UPDATE语句相同，通常情况下需要与3-8小节中讲解的WHERE语句组合起来指定需要删除的记录。在上述示例中，指定了id列中的值为1的记录作为更新的目标。除此之外，也可以使用上一节中介绍的其他运算符，使用各种查询条件指定需要更新的目标。

如图3-29所示，删除了users表中age列的值不是21的记录。此外，如果在WHERE的后面指定“age IN (21, 25)”这一条件，就可以只删除与name列中的值为21或25相匹配的记录。

使用DELETE时的注意事项

需要注意的是，在使用DELETE语句时，如果组合使用WHERE语句，并在不指定删除条件的情况下执行了处理，那么**表中所有的记录都将被删除**。因此，可以先使用SELECT语句获取需要删除的记录，然后再将其替换成DELETE语句，以此来防止意外情况的发生。

图3-28 记录的删除

命令

```
DELETE FROM menus WHERE id = 1;
```

menus 表

id	name
~~1~~	~~咖喱~~
2	汉堡
3	拉面
4	三明治

删除id为1的记录

图3-29 与“!=”组合起来删除记录

命令

```
DELETE FROM users WHERE age != 21;
```

users 表

name	age
山田	21
~~佐藤~~	~~36~~
~~铃木~~	~~30~~
~~山本~~	~~18~~

删除age不是21的记录

知识点

- 当需要删除表中保存的记录时，可以使用DELETE语句。
- DELETE语句通常需要与WHERE语句组合起来指定需要删除的记录。

排列记录

记录的排序

可以**按照顺序对保存在表中的值进行排序并获取需要的数据**。

例如，可以按照年龄的大小对登记了用户信息的表中的记录进行排序，也可以按照日程的先后顺序对登记了日程信息的表中的记录进行排序后再获取这些数据。

按照升序或降序对记录进行排序

在对表中保存的记录进行排序并获取数据时，可以使用**ORDER BY**语句。在ORDER BY的后面指定列名，就可以按照升序（从小到大的顺序）对该列中的值进行排序。

如图3-30所示，按照age列中值的升序对users表中的记录进行了排序。这样就可以按照年龄的升序获取用户数据。

如果在使用ORDER BY指定的列名后面添加DESC这一条件，就可以按照指定列中的值的降序（从大到小的顺序）对数据进行排序。

如图3-31所示，按照age列中值的降序对users表中的记录进行了排序。这样就可以按照年龄的降序获取用户数据。

组合使用WHERE的示例

也可以将ORDER BY语句与3-8小节中讲解的WHERE语句组合在一起使用。如果指定“WHERE age >= 30 ORDER BY age”，就可以按照升序对符合age列中的值大于等于30的条件的记录进行排序，并获取需要的数据。通过这种方式，可以将符合**指定条件的数据作为排序的对象，并获取这些经过排序的数据**。

图3-30 **按照升序进行排序**

命令

```
SELECT * FROM users ORDER BY age;
```

按照升序对age进行排序

users 表

name	age
山田	21
佐藤	36
铃木	30
山本	18

命令的执行结果

name	age
山本	18
山田	21
铃木	30
佐藤	36

图3-31 **按照降序进行排序**

命令

```
SELECT * FROM users ORDER BY age DESC;
```

按照降序对age进行排序

users 表

name	age
山田	21
佐藤	36
铃木	30
山本	18

命令的执行结果

name	age
佐藤	36
铃木	30
山田	21
山本	18

知识点

- 当需要获取保存在表中的经过排序的记录时，可以使用ORDER BY语句。
- 当需要按照升序进行排序时，可以指定“ORDER BY 列名”，当需要按照降序进行排序时，则可以指定“ORDER BY 列名DESC”。

» 指定需要获取的记录数量

指定需要获取的记录数量

在使用3-7小节中介绍的SELECT语句获取表中的记录时，**通常会获取所有的记录**。如果是这样，就会获取比预期多很多的记录。即使只需要第一条记录，也会获取额外的记录。

此时，如果使用**LIMIT**语句，就**可以设置需要获取的记录的上限，以防获取不必要的多余的记录**。

如图3-32所示，获取了users表中开头的两条记录。使用这种方式进行指定，就只会获取在LIMIT后面指定的数量的记录。

组合使用ORDER BY的示例

LIMIT语句经常与3-13小节中讲解的ORDER BY语句组合起来一起使用。如果与ORDER BY语句组合在一起，就可以按照销售额的降序对数据进行排序，并获取前10件商品的数据，或者获取新添加的5件商品的数据。

例如，如果指定“ORDER BY age LIMIT 3”，就可以按照升序对age列中的值进行排序，并从中获取前3条记录。

指定开始获取记录的位置

LIMIT语句也可以与**OFFSET**语句组合在一起使用。使用OFFSET，可以**指定开始获取记录的位置**。如图3-33所示，获取了users表中第三行的记录。由于使用OFFSET指定的数字是以0为初始值的，因此，如果指定0就表示获取第一行的记录，指定1就表示获取第二行的记录。

使用这种组合语句，不仅可以获取开头的记录，**还可以获取中间的一些记录**。例如，获取第11~20行的记录。

图3-32 指定需要获取的记录数量

命令

```
SELECT * FROM users LIMIT 2;
```

users 表

name	age
山田	21
佐藤	36
铃木	30
山本	18

获取开头的两条记录

图3-33 指定开始获取记录的位置

命令

```
SELECT * FROM users LIMIT 1 OFFSET 2;
```

由于0是初始值，因此
0表示第一行，1表示第二行，
2表示第三行

users 表

name	age
山田	21
佐藤	36
铃木	30
山本	18

获取第三行的记录

知识点

- 在指定需要从表中获取的记录数量时，可以使用LIMIT语句。
- 与OFFSET语句组合在一起使用，还可以指定开始获取记录的位置。

获取记录的数量

记录数的获取

当需要确认保存了用户信息的表中登记了多少用户、确认图书馆的书籍表中保存的馆藏书籍总数、确认登记了日程信息的表中的任务数量时，就可以**对表中保存的记录数量进行计数，并获取计数后的结果**。

在获取表中保存的记录数量时，可以使用**COUNT函数**。如图3-34所示，其中展示的是从users表中获取记录数量的示例。由于在SELECT的后面加上了“COUNT(*)”，就可以获取相应的记录数量，因此，在图中的示例中返回的结果是4。

组合使用WHERE的示例

当需要对记录数量进行计算时，还可以与3-8小节中介绍的WHERE语句组合使用。

如图3-35所示，从users表中获取了符合age列的值大于等于30的条件的记录数。除此之外，也可以对男性和女性的人数进行统计；还可以用发行日期作为查询条件，从保存了书籍信息的表中获取今天新发行书籍的数量。总之，存在各种各样的使用方法。

排除没有数据的记录后再计数

大家都知道，不包含任何值的字段通常使用NULL 来表示（参考4-8小节）。如果不想对它们进行计数，那么就可以指定条件将NULL 的记录排除在外。

在SELECT的后面指定COUNT(age)，就可以在排除age列中的值为NULL 的记录之后再对记录进行计数。

图3-34 记录数的获取

命令

```
SELECT COUNT(*) FROM users;
```

users 表

name	age
山田	21
佐藤	36
铃木	30
山本	18

有4条记录

图3-35 获取符合条件的记录数

命令

```
SELECT COUNT(*) FROM users WHERE age >= 30;
```

users 表

name	age
山田	21
佐藤	36
铃木	30
山本	18

有两条记录符合条件

知识点

- 当需要获取表中保存的记录数时，可以使用COUNT 函数。
- 当需要排除指定列中不包含数据的记录之后再进行计数时，可以使用“COUNT(列名)”。

» 获取记录的最大值和最小值

使用函数获取最大值和最小值

我们可以获取保存在某列中的最大值和最小值。例如，2、7、8、3中最大的数值是8，最小的数值是2。这些数值都可以使用命令获取。如果使用函数，即使存在大量的记录，也可以迅速地从表中保存的记录中获取最大值和最小值。

MAX 函数与MIN 函数

当需要获取最大值时，可以使用**MAX函数**。在SELECT的后面输入MAX(列名)，就可以**获取该列中保存的最大值**。如图3-36所示，从users表中获取了age列中的最大值。由于age列中保存了21、36、30、18，因此，执行命令之后就会返回36这一结果。

当需要获取最小值时，可以使用**MIN函数**。在SELECT的后面输入MIN(列名)，就可以**获取该列中保存的最小值**。如图3-37所示，从users表中获取了age列中的最小值。由于age列中保存了21、36、30、18，因此，执行命令之后就会返回18这一结果。

组合使用WHERE的示例

如果在图3-36中使用的命令中添加“WHERE name LIKE'山%'”这样的查询条件，就可以获取users表中name列以“山”开头的记录中的age列的最大值。可以看到，图中以“山”开头的记录包括“山田”(age: 21)和“山本”(age: 18)，因此，作为结果返回的就是age列中最大值，即21。

图3-36 最大值的获取

命令

```
SELECT MAX(age) FROM users;
```

users 表

name	age
山田	21
佐藤	36
铃木	30
山本	18

最大值为36

图3-37 最小值的获取

命令

```
SELECT MIN(age) FROM users;
```

users 表

name	age
山田	21
佐藤	36
铃木	30
山本	18

最小值为18

知识点

- 当需要获取指定列中的最大值时，可以使用MAX 函数。
- 当需要获取指定列中的最小值时，可以使用MIN 函数。

» 获取记录的合计值和平均值

使用函数获取合计值和平均值

我们可以获取保存在某列中的值的合计值和平均值。例如，2、7、8、3 的合计值是20，平均值是5。可以使用命令获取这些数值。如果使用函数，即使存在大量的记录，也可以很简单地从表中保存的记录中获取合计值和平均值。

SUM 函数与AVG 函数

当需要获取合计值时，可以使用**SUM函数**。在SELECT的后面输入SUM(列名)，就可以**获取该列中保存的值的合计值**。如图3-38所示，从users表中获取了age列的合计值。由于age列中保存了21、36、30、18，因此，执行命令之后，就会返回105这一结果。

当需要获取平均值时，可以使用**AVG函数**。在SELECT的后面输入AVG(列名)，就可以**获取该列中保存的值的平均值**。如图3-39所示，从users表中获取了age列的平均值。由于age列中保存了21、36、30、18，因此，执行命令之后，就会返回26.25这一结果。

组合使用WHERE的示例

如果在图3-38 中使用的命令中添加“WHERE name LIKE'山%'”这样的查询条件，就可以获取users表中name列以“山”开头的记录中的age列的合计值。由于图中以“山”开头的记录包括“山田”(age: 21) 和“山本”(age: 18)，因此，作为结果返回的就是age列的合计值，即39。

图3-38 **合计值的获取**

命令

```
SELECT SUM(age) FROM users;
```

users 表

name	age
山田	21
佐藤	36
铃木	30
山本	18

合计值为105

图3-39 **平均值的获取**

命令

```
SELECT AVG(age) FROM users;
```

users 表

name	age
山田	21
佐藤	36
铃木	30
山本	18

平均值为26.25

知识点

- 当需要获取指定列的合计值时，可以使用SUM 函数。
- 当需要获取指定列的平均值时，可以使用AVG 函数。

对记录进行分组

以分组的形式获取记录

我们可以将**保存在某个表中的列中的值相同的记录划分成一组，进行集中输出**。以保存了书籍信息的表为例，按照类别进行分组，就可以得到去掉了重复数据的唯一的类别列表，并且还可以按类别统计书籍的数量。此外，如果按照登记的日期进行分组，就可以按照日期统计进货的数量。

如果要对记录进行分组，需要使用**GROUP BY**语句。如图3-40所示，对users表中的gender列进行了分组处理。要实现这一处理，需要像图中那样，在GROUP BY的后面指定需要分组的列名。此外，由于使用的是SELECT语句指定需要分组的gender列，因此，返回的就是man和woman这两个结果。虽然表中登记了三条man的记录，但是由于进行了分组，因此，在结果中将重复的值集中在了一行进行显示。

获取每组的记录数

我们可以使用在3-15小节中讲解的COUNT函数获取每组的记录数。如图3-41所示，对users表中的gender列进行了分组，并获取了每组的记录数。执行命令之后，显示的结果是使用SELECT语句指定的gender列的值和使用COUNT(*)计算的表示记录数量的值。在这里，得到了3条man的记录和1条woman的记录。此外，除了使用COUNT函数之外，还可以用同样的方式使用MAX函数、MIN函数（参考3-16小节）、SUM函数和AVG函数（参考3-17小节）。使用逗号（,）进行分隔，就可以指定多个列进行分组。例如，指定GROUP BY gender, age，就可以对gender列和age列中包含匹配值的记录进行分组。

图3-40 **记录的分组**

命令

```
SELECT gender FROM users GROUP BY gender;
```

users 表

name	gender	age
山田	man	21
佐藤	man	36
铃木	woman	30
山本	man	18

对man和woman进行分组

图3-41 **获取每组的记录数**

命令

```
SELECT gender, COUNT(*) FROM users GROUP BY gender;
```

users 表

name	gender	age
山田	man	21
佐藤	man	36
铃木	woman	30
山本	man	18

man的记录有3条，
woman的记录有1条

知识点

- 当需要对列中的值相同的记录进行分组时，可以使用GROUP BY语句。
- 组合使用函数，就可以提取每组的记录数、最大值、最小值、合计值和平均值等。

在分组后的记录中指定查询条件

基于分组后的结果继续进行查询

在使用3-18小节中讲解的GROUP BY语句进行分组处理之后，还可以进一步在分组后的数据中指定获取数据的条件。例如，可以在保存了书籍信息的表中按照登记记录的日期进行分组，并对每个日期的进货数量进行统计。可以添加条件，仅获取指定日期对应的结果。可以通过这种方式，**在分组后得到的数据中获取需要的数据**。

需要进一步添加查询条件时，可以使用**HAVING**语句。如图3-42所示，对users表中的gender列进行了分组，并对每组的记录数量进行了统计，然后再基于这个数据查询了记录数大于等于3条的结果。由于在HAVING的后面指定了分组统计结果后的查询条件，因此，最后获取的结果是man的记录有3条。

WHERE语句与HAVING语句的区别

WHERE语句和HAVING语句在指定查询条件这一方面，使用方法是类似的，但是在执行命令的顺序方面有所不同。**使用WHERE语句指定的条件会在分组之前被执行，而使用HAVING语句指定的条件则是在分组之后被执行**。如果需要根据保存用户信息的表，统计男性用户数量大于等于3的年龄时，就需要使用图3-43所示的语句。具体的处理流程如下所示。

❶使用WHERE语句仅提取男性的记录。
❷使用GROUP BY语句和COUNT(*)语句根据年龄进行分组和统计。
❸使用HAVING语句仅提取记录数大于等于3 条的年龄数据。

图3-42　基于分组后的结果继续进行查询

命令

```
SELECT gender, COUNT(*) FROM users GROUP BY gender HAVING COUNT(*) >= 3;
```

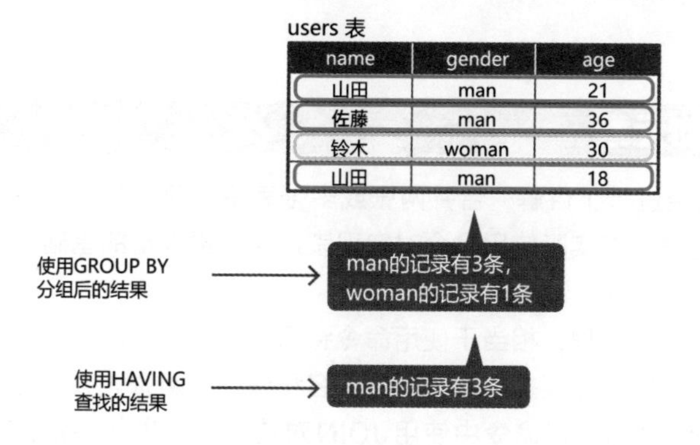

图3-43　WHERE语句和HAVING语句的执行顺序

命令

```
SELECT age, COUNT(*) FROM users WHERE gender = 'man' GROUP BY age HAVING COUNT(*) >= 3;
```

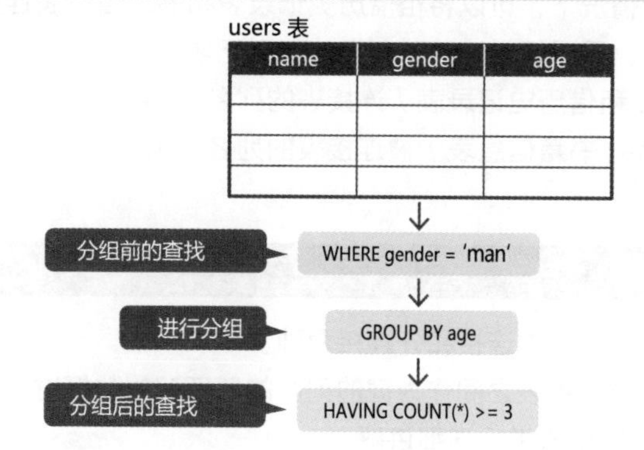

知识点

- 当需要进一步指定条件对分组后的结果进行查询时，可以使用HAVING语句。
- 使用WHERE语句指定的条件会在GROUP BY之前执行，而使用HAVING语句指定的条件则会在GROUP BY之后执行。

» 合并多个表获取数据

表连接所需的元素

在2-3小节中已经进行了讲解，合并两张或多张表集中获取数据的操作被称为表连接。在这里，将实际使用命令对实现表连接所需具备的基础知识进行讲解。

使用命令执行表连接处理，相当于使用命令将需要连接的表与作为连接对象的表连在一起。此时，需要提供两张表的表名和保存了两张表共有的键值的列名（图3-44）。然后，在命令中使用**JOIN**对这些元素进行指定，就可以实现表连接处理。

例如，以图书馆的数据库为例，对表连接进行思考。假设现在有一张如图3-45所示的保存了“租借日期”和“书籍ID”的租借历史记录表。如果只看这张表，是无法知道书名和分类的。因此，就需要合并书籍信息表，集中获取数据。在这种情况下，可以将租借历史记录表和书籍信息表连接在一起来获取数据。此时，需要提供连接时所需的下列元素。

- 连接表的表名：租借历史记录表 / 连接表的列名：书籍ID。
- 被连接表的表名：书籍信息表 / 被连接表的列名：ID。

表连接的种类

表连接的种类可以分为内连接和外连接两种。

内连接是一种只对多张表之间作为键的列中的值匹配的数据进行连接和获取的方法，将在3-21小节进行详细讲解。

外连接是一种对多张表之间作为键的列中的值匹配的数据进行连接，并且同时获取只有连接表中才存在的数据的方法，将在3-22小节中进行详细讲解。

图3-44 表连接所需的元素

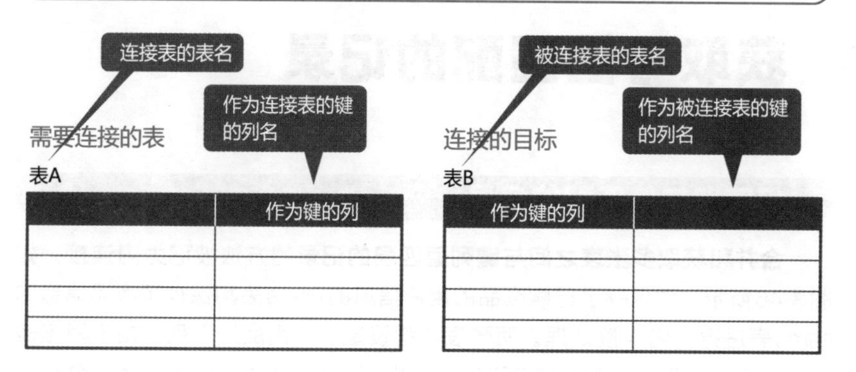

图3-45 表连接所需元素的示例

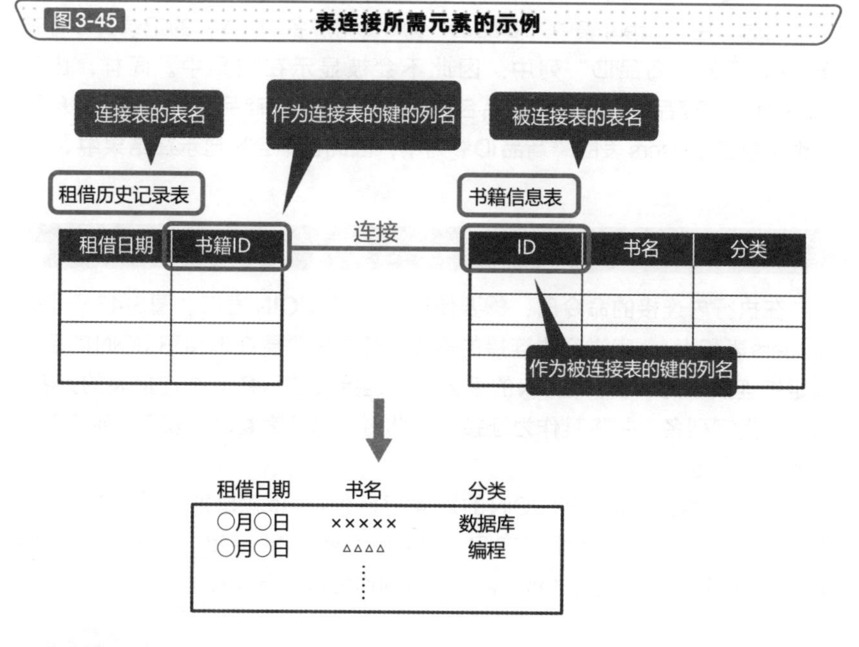

知识点

✎在进行表连接时，需要提供连接表和被连接表的表名，以及作为键的列的名称。

✎需要在命令中使用JOIN实现表连接。

获取与值匹配的记录

仅获取与值匹配的记录

合并和获取多张表之间与键列值匹配的记录的方法被称为**内连接**。如图3-46所示，对保存了已购商品的用户信息的users表和保存了商品信息的items表进行了内连接处理。两张表中都设置了“商品ID”列。由于两张表中的“商品ID”列中都存在2和3的记录，因此，如果进行内连接，就可以合并输出这几条记录。

此时，由于users表中“商品ID”为5（用户名：山本）的记录并不存在于items表的“商品ID”列中，因此不会被显示在结果中。同样，由于items表中“商品ID”为1（商品名称：面包）和4（商品名称：鸡蛋）的记录也不存在于users表的“商品ID”列中，因此也不会被显示在结果中。

执行内连接的命令

在执行内连接的命令时，需要使用**INNER JOIN语句**。图3-47所示是对users表和items表进行内连接的命令。该命令需要在INNER JOIN的后面指定被连接表的表名，在ON的后面以“连接表的列名= 被连接表的列名”的方式指定列名，并将其作为连接键。此时，列名需要以“表名.列名”的方式进行指定。

图3-47中，在INNER JOIN的后面指定的items就是被连接表的表名。然后，由于在ON的后面指定了users.item_id = items.id，因此，就会将users表中的item_id列和items表中的id列作为键进行连接。

图3-46　表的内连接

users 表

用户名	商品ID
山田	2
佐藤	3
铃木	2
山本	5

items 表

商品ID	商品名称	价格
1	面包	100
2	牛奶	200
3	乳酪	150
4	鸡蛋	100

用户名	商品名称	价格
山田	牛奶	200
佐藤	乳酪	150
铃木	牛奶	200

图3-47　内连接的示例

命令

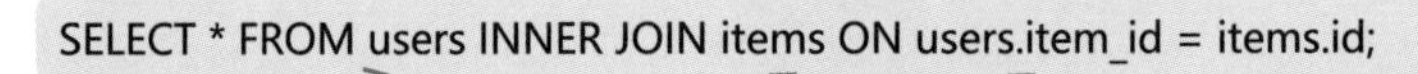

```
SELECT * FROM users INNER JOIN items ON users.item_id = items.id;
```

users 表

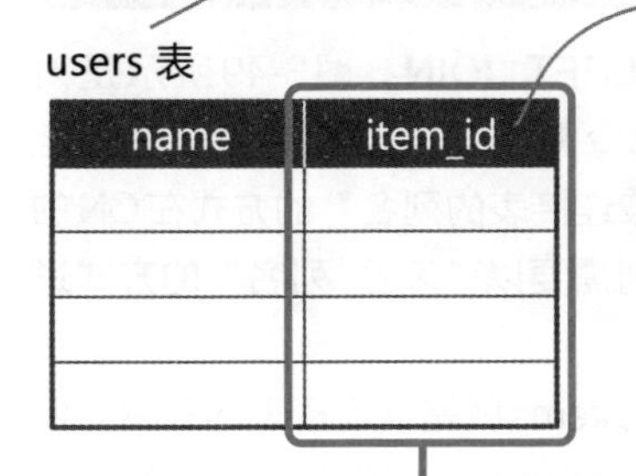

items 表

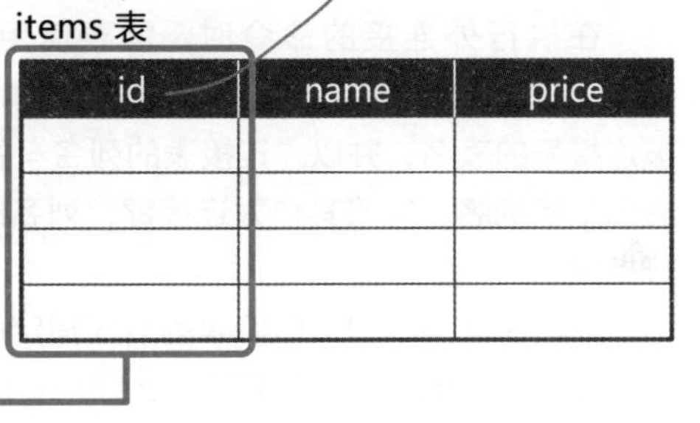

内连接

知识点

- ✎仅连接和获取与键列值匹配的记录的方法被称为内连接。
- ✎当需要进行内连接处理时，可以使用INNER JOIN。

» 获取标准记录及与之匹配的记录

获取连接表的记录及与之匹配的被连接表的记录

获取连接表的记录以及与键列值匹配的被连接表的记录的方法被称为**外连接**。如图3-48所示，对保存了已购商品的用户信息的users表和保存了商品信息的items表进行了外连接处理。由于两张表中都设置了“商品ID”列，并且两张表中的“商品ID”列都存在2和3的记录，因此，如果进行外连接，就可以将两张表中的记录合并起来一起输出。

此时，连接表的users表中“商品ID”为5（用户名：山本）的记录也会显示在结果中。但是，由于items表中没有与之对应的记录，因此不会显示商品名称和价格的值。此外，由于被连接表的items表中“商品ID”为1（商品名称：面包）和4（商品名称：鸡蛋）的记录不存在于users表的“商品ID”列中，因此不会显示在结果中。

执行外连接的命令

在执行外连接的命令时，需要使用**LEFT JOIN**。图3-49所示是对users表和items表进行外连接的命令。该命令需要在LEFT JOIN的后面指定被连接表的表名，并以“连接表的列名=被连接表的列名”的方式在ON的后面指定列名，并将其作为连接键，列名则需要以“表名.列名”的方式进行指定。

在图3-49中，LEFT JOIN的后面指定的items就是被连接表的表名。此外，由于在ON的后面指定了users.item_id = items.id，因此，就会将users表中的item_id列和items表中的id列作为键将两张表连接在一起。另外，如果将LEFT JOIN替换成**RIGHT JOIN**，还可以将连接表和被连接表反转过来。

图3-48 表的外连接

users 表

用户名	商品ID
山田	2
佐藤	3
铃木	2
山本	5

items 表

商品ID	商品名称	价格
1	面包	100
2	牛奶	200
3	乳酪	150
4	鸡蛋	100

用户名	商品名称	价格
山田	牛奶	200
佐藤	乳酪	150
铃木	牛奶	200
山本	–	–

图3-49 外连接的示例

命令

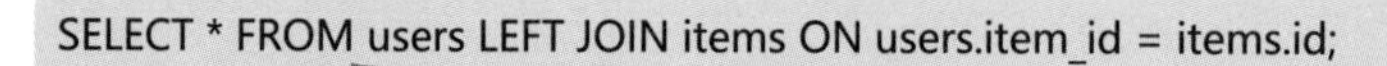

```
SELECT * FROM users LEFT JOIN items ON users.item_id = items.id;
```

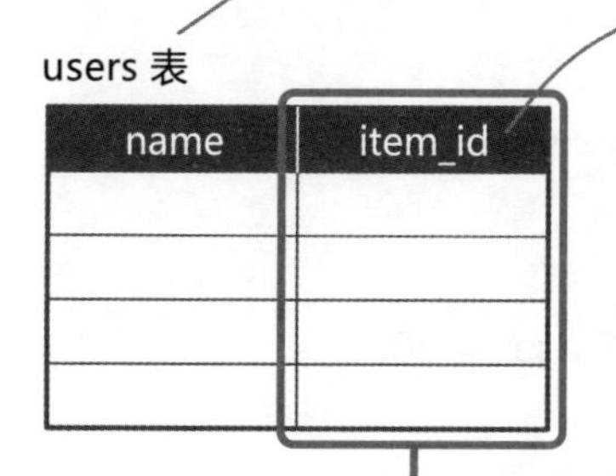

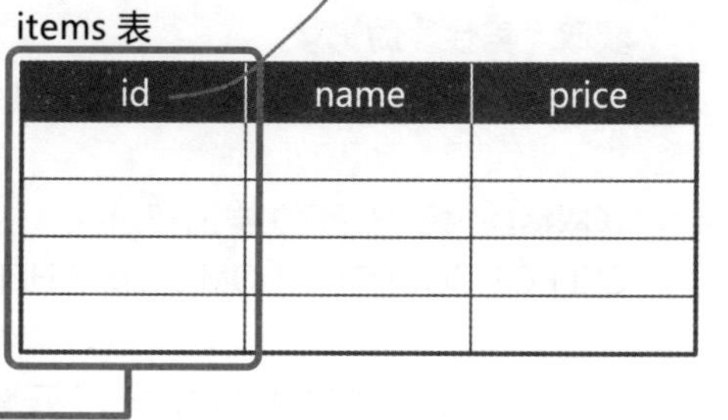

外连接

知识点

- 获取连接表的记录以及与键列值匹配的被连接表中的记录的方法被称为外连接。
- 当需要进行外连接处理时，可以使用LEFT JOIN（或RIGHT JOIN）。

开始实践吧

尝试编写SQL语句吧

添加记录

请尝试在users 表中编写添加下列记录的SQL语句。此外，请尝试使用SQL语句指定各种条件来获取添加后的记录。

users 表

name	gender	age
山田	man	21
佐藤	man	36
铃木	woman	30
山本	man	18

SQL语句示例

添加记录

INSERT INTO users (name, gender, age) VALUES (' 山田 ', 'man', 21);

获取“男性”的记录

SELECT * FROM users WHERE gender = 'man';

获取年龄大于等于30 岁的记录数

SELECT COUNT(*) FROM users WHERE age >= 30;

按照年龄的升序获取姓名以“山”开头的记录

SELECT * FROM users WHERE name LIKE '山%' ORDER BY age;

删除年龄未满20 岁的记录数

DELETE FROM users WHERE age < 20;

第4章

管理数据

——避免非法数据的功能

指定可保存的数据类型

数据类型的指定

在3-5小节中已经提到过，在创建表时，需要指定列（Column）的名称和数据类型。预先为表中的每列指定**数据类型**是必需的（图4-1）。指定了数据类型，就可以**将保存在该列中的值的格式统一**，可以预先决定如何处理这些值。

数据类型包括多个种类，大致可以分为以下几类。

- **处理数值的类型**
- **处理字符串的类型**
- **处理日期和时间的类型**

稍后将对具体的类型进行讲解。

数据类型的作用

例如，假设将保存了金额的列指定为整数型。那么，该列中就只允许保存整数，将无法代入小数和字符。

此外，指定整数型之后，保存的值就可以作为数值提取，因此可以将其用于计算。例如，如果使用3-17小节中讲解的SUM 函数，就可以获取总销售额。另外，还可以像3-9小节中讲解的那样，查询数字大于等于300 的记录。如果是字符类型，就无法实现这样的处理。因此，根据数据类型不同，值的处理方式也会不同（图4-2）。

综上所述，由于对允许保存的值进行了限制，因此在获取数据时的处理方式也会发生变化，故而**为每列指定合适的数据类型**是非常重要的一个步骤。

图4-1　**为每个列指定数据类型**

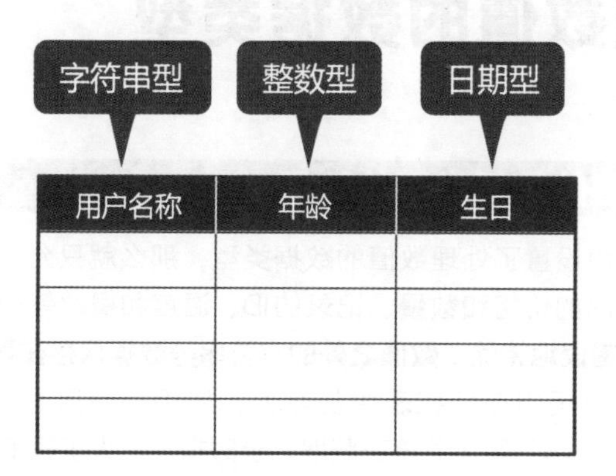

图4-2　**设置整数型的列的示例**

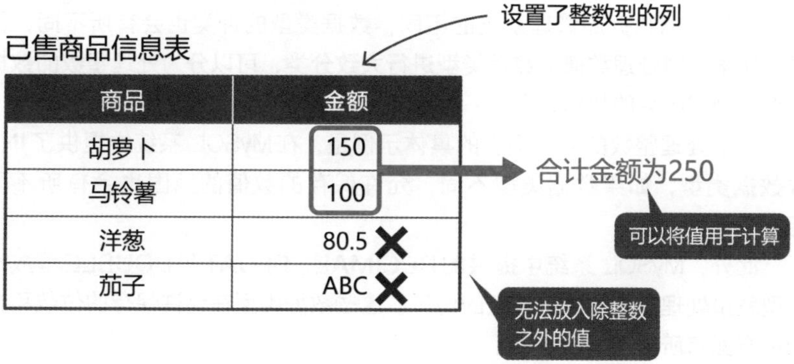

设置了整数型的列

已售商品信息表

商品	金额
胡萝卜	150
马铃薯	100
洋葱	80.5 ✕
茄子	ABC ✕

合计金额为250

可以将值用于计算

无法放入除整数之外的值

知识点

- ✐需要预先为每列（Column）指定数据类型。
- ✐指定数据类型，就可以统一保存在列中的值的格式，可以预先决定如何处理这些值。

第4章　管理数据——避免非法数据的功能

» 处理数值的数据类型

处理数值的数据类型的特征

如果在列中设置了处理数值的数据类型，那么就只允许保存数值。例如，如果在商品的价格和数量、记录的ID、温度和概率等列中设置了数值类型，**就不会错误地将除了数值之外的字符串等数据保存在其中**。

此外，可以运用存储在表中的数值，如用于使用3-9小节中讲解的“>”“>=”“<”“<=”等运算符在获取记录时指定“大于等于××”或“小于等于××”的查询条件中。也可以将这些数值用于使用3-17小节中讲解的SUM函数和AVG 函数中计算合计值和平均值。

处理数值的数据类型的种类

虽然根据数据库管理系统的不同，数据类型的种类也会有所不同，但是，如果要对处理数值的数据类型进行大致分类，可以分为处理整数的数据类型和处理小数的数据类型。

一个处理整数的数据类型的具体示例是，在MySQL 系统中提供了**INT**等数据类型，如果数据类型不同，允许保存的数值的范围也会有所不同(图4-3)。

此外，MySQL 系统中提供的**DECIMAL**、**FLOAT**和**DOUBLE**等数据类型就是处理小数的数据类型的例子。这些数据类型在允许保存的位数和精确性方面有所区别（图4-4）。

除此之外，还有一种名为BIT的数据类型，专门用于存储只用0和1表示值的比特值，如111和10000000。

虽然每种数据类型允许保存的值的范围不同，但是如果选择位数更大的数据类型，在存储值时就需要使用相应大小的存储空间。因此，建议大家**根据需要存储的值的大小选择合适的数据类型**。

图4-3 整数类型的种类与允许保存在列中的位数

	允许保存的范围	添加UNSIGNED选项之后允许保存的范围
TINYINT	–128 ~ 127	0 ~ 255
SMALLINT	–32768 ~ 32767	0 ~ 65535
MEDIUMINT	–8388608 ~ 8388607	0 ~ 16777215
INT	–2147483648 ~ 2147483647	0 ~ 4294967295
BIGINT	–9223372036854775808 ~ 9223372036854775807	0 ~ 18446744073709551615

图4-4 小数类型的种类与允许保存的值的精确性

DECIMAL	允许保存无误差的精确的小数
FLOAT	允许保存精确到小数点后7位的小数
DOUBLE	允许保存精确到小数点后15位的小数

知识点

- 处理数值的数据类型包括处理整数、小数、比特值的数据类型。
- 数值类型的列可用于保存商品的价格和数量、记录的ID、温度和概率等数值。

处理字符串的数据类型

处理字符串的数据类型的特征

对于设置了处理字符串的数据类型的列中存储的值，只允许作为字符串处理。因此，可以将这种列用于保存用户输入的姓名、住址、评论，以及篇幅较长的句子。此外，在列中保存123这类值时，也将被作为字符串保存，而不会作为数值保存。因此，需要注意它们与**保存在数值类型中的123是不同的**。

处理字符串的数据类型的种类

数据类型的种类因数据库管理系统而异。例如，如果是处理字符串的数据类型，那么在MySQL 系统中提供了**CHAR**、**VARCHAR**和**TEXT**等数据类型，这些数据类型在数据的保存方式和最大值长度方面存在差异（图4-5）。最大值越大的数据类型，在保存值时需要的存储空间也越大。因此，建议大家**根据需要存储的值的大小选择合适的数据类型**。

固定长度和可变长度

处理字符串的数据类型包括固定长度和可变长度。固定长度的数据类型可以设置固定的长度并以相同的长度保存数据。可变长度的数据类型则可以用与数据匹配的长度保存数据。

在MySQL 系统提供的数据类型中，CHAR是固定长度的数据类型，而VARCHAR则是可变长度的数据类型。接下来，将以在这些数据类型的列中保存ABC为例进行思考。如果是如图4-6所示的CHAR类型，就需要在右侧用空格填充以符合指定的长度，并用固定的长度保存数据。另外，如果是VARCHAR类型，则无须进行这样的处理。对于商品代码等预先指定了位数的字符串，只要使用固定长度的数据类型，就可以有效地提高读取和插入数据的性能。

图4-5 **字符串类型的种类与列中允许保存的最大长度**

	允许保存的最大长度
CHAR	可以指定0 ~ 255字节 （保存的数据需要在右侧用空格填充到指定的长度）
VARCHAR	可以指定0 ~ 65 535字节
TINYTEXT	255字节
TEXT	65 535字节
MEDIUMTEXT	16 777 215字节
LONGTEXT	4 294 967 295字节

图4-6 **固定长度与可变长度的区别**

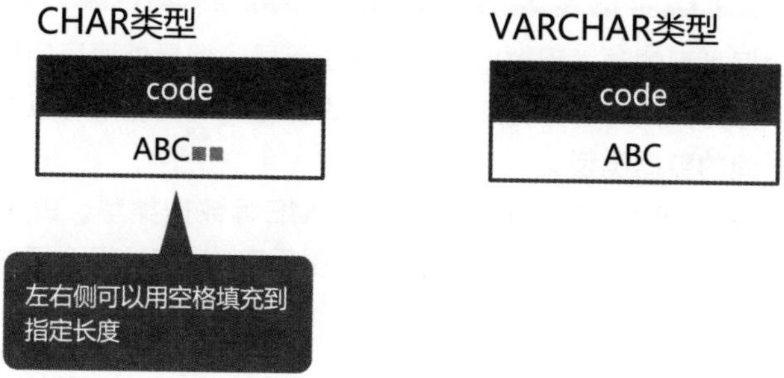

知识点

- 可以根据数据的保存方式和最大长度，将处理字符串的数据类型分为多个种类。
- 字符串类型的列可以用于保存用户输入的姓名、住址和评论以及篇幅较长的句子。

处理日期和时间的数据类型

处理日期和时间的数据类型的特征

如果在列中设置了处理日期和时间的数据类型，就可以在其中登记日期和时间的值。因此，可以将这种列用于登记商品购买日期、用户登录日期、生日、日程安排中的时间，以及记录的登记日期和更新日期等场景中。

此外，可以将存储的上述数据类型的值运用到使用3-9小节中讲解的“>”“>=”“<”“<=”等运算符获取记录时指定“×月×日之前”或“×月×日之后”等查询条件中，在提取值时指定格式仅获取月份的数字。另外，还可以用于3-13小节中讲解的ORDER BY语句中按照日期顺序对记录进行排序。

处理日期和时间的数据类型的种类

虽然数据类型的种类因数据库管理系统而异，但是处理日期和时间的数据类型可以分为只允许保存日期的、**只允许保存时间的和既可以保存日期也可以保存时间的数据类型**。

MySQL 系统提供了**DATE**和**DATETIME**等数据类型。由于这两种数据类型允许保存的格式不同，因此要根据需要保存的值选择合适的数据类型（图4-7）。

登记日期和时间时使用的格式

在指定了日期和时间类型的列中保存值时，可以用各种格式进行登记。

例如，如果是在MySQL系统中，当需要保存2020 年1 月1 日时，可以用“'2020-01-01'”格式进行登记。除此之外，同样也可以用“'20200101'”或“'2020/01/01'”格式进行登记（图4-8）。虽然登记的格式不同，但都是以相同的值进行登记的。

图4-7 日期和时间类型的种类与用途

	用 途
DATE	日期
DATETIME	日期和时间
TIME	时间
YEAR	年

图4-8 保存日期和时间时使用的格式

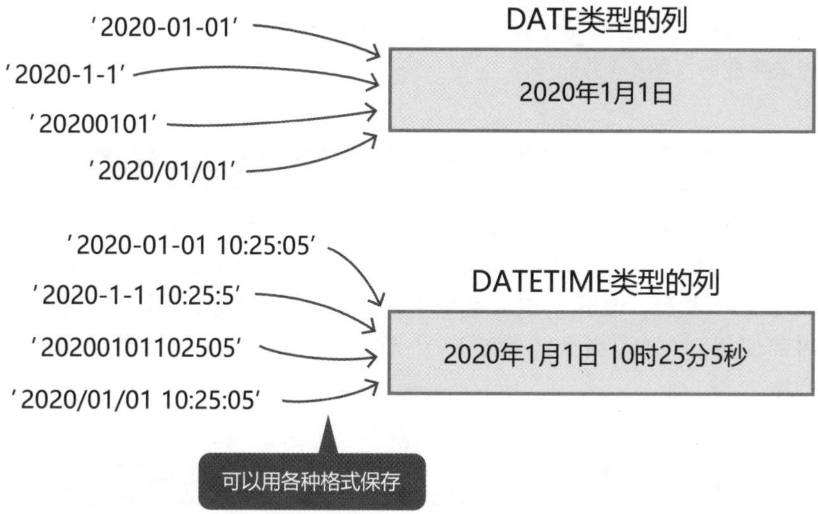

'2020-01-01'
'2020-1-1'
'20200101'
'2020/01/01'
→ DATE类型的列
2020年1月1日

'2020-01-01 10:25:05'
'2020-1-1 10:25:5'
'20200101102505'
'2020/01/01 10:25:05'
→ DATETIME类型的列
2020年1月1日 10时25分5秒

可以用各种格式保存

知识点

- 用于处理日期和时间的数据类型，可以根据允许保存的数据格式分为多个种类。
- 指定了日期和时间类型的列，可以用于保存商品购买日期、用户登录日期、生日、日程安排中的时间、记录的登记日期和更新日期等数据。

» 仅处理两种值的数据类型

仅处理两种值的数据类型的特征

数据类型中存在只允许处理两种值的类型，被称为BOOLEAN类型。设置了这种数据类型的列中只允许保存“真”（true）和“假”（false）两种类型的值。这类值在编程的世界被称为真假值或布尔值，常用于表示ON或OFF两种状态（图4-9）。

例如，可以在表示是否为已解约的用户的列中用“假”表示未解约的用户，用“真”表示已解约的用户。用“真”表示商品已支付的状态，用“假”表示未支付的状态。用“真”表示任务已经完成，用“假”表示任务尚未完成等（图4-10）。

仅处理两种值的数据类型的种类

虽然BOOLEAN类型并非在所有数据库管理系统中都能使用，但是可以使用替代的类型实现相同的行为。例如，PostgreSQL系统提供了BOOLEAN类型，但是MySQL系统中并没有提供，不过，可以在该系统的内部使用TINYINT类型（参考4-2小节）实现与BOOLEAN类型相同的行为。

在BOOLEAN类型的列中保存值

当需要使用MySQL系统在BOOLEAN列中保存值时，如果是“真”（true），则可以代入1；如果是“假”（false），则可以代入0。此外，使用3-7小节中讲解的SELECT语句获取记录时，保存在BOOLEAN列中的值同样也可以使用1或0表示。

此外，还可以使用3-8小节中讲解的WHERE语句，以“列名= 1”和“列名=0”，或者用“列名= true”和“列名= false”的形式指定条件。

图4-9 仅处理两种值的数据类型

BOOLEAN类型

可以表示ON或OFF两种状态

图4-10 BOOLEAN 类型的用途

任务未完成

任务已完成

未解约的用户

已解约的用户

未支付

已支付

知识点

- BOOLEAN 类型只能保存真（true）和假（false）两种值。
- 指定了BOOLEAN 类型的列，可以用于保存用户是未解约用户还是已解约用户、商品是已经支付还是未支付、任务是已经完成还是尚未完成等数据。

» 限制允许保存的数据

防止登记不符合规范的数据

可以通过对表中的列设置**约束**条件的方式，对允许保存的数据进行限制，并且可以通过设置**属性**的方式，按照某种规则对值进行整理和保存(图4-11)。例如，设置该列中必须代入一个值的NOT NULL 约束条件，以及自动保存连续编号的AUTO_INCREMENT 属性等（图4-12)。这样一来，如果当插入了数据或者在进行变更时不符合约束条件，就会引发错误，导致无法执行处理。因此，**预先设置好适当的约束条件，就可以避免插入非法的数据，可以提前预防数据不一致的情况**。此外，还有一个优点是，通过**设置属性的方式按照一定的规则排列数据，更加易于对数据进行管理**。

具有代表性的约束条件和属性的示例

接下来，将对具有代表性的约束条件和属性的示例进行讲解。

- NOT NULL

禁止保存NULL（参考4-8小节）的约束条件。设置了该约束条件的列中必须始终包含一些值。

- UNIQUE

列中的值不允许重复的约束条件。设置了该约束条件的列中不允许保存与其他记录的值相同的值。

- DEFAULT

为列的值设置默认值的约束条件。如果没有为设置了该约束条件的列指定值，列中就会保存预先指定的默认值。

- AUTO_INCREMENT

自动在列中放入连续编号的属性。设置了该属性的列中会自动填入连续的数字。

图4-11 **何谓约束条件和属性**

图4-12 **约束条件和属性的示例**

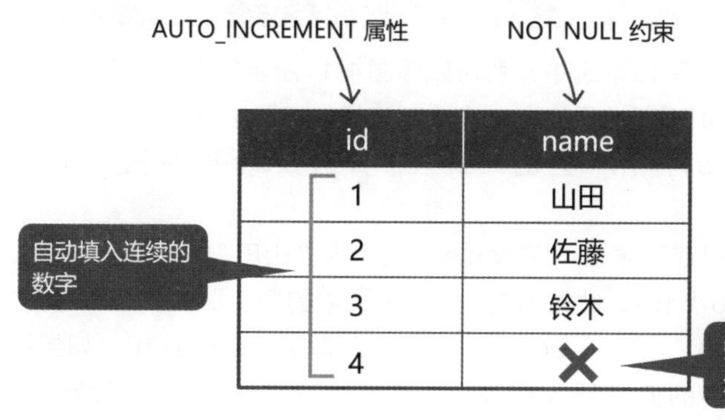

知识点

- 在表的列中设置约束条件就可以对允许保存的数据进行限制，设置属性则可以根据某种规则对值进行整理和保存。
- 预先设置合适的约束条件和属性，可以避免发生数据不统一的情况，且更加易于对数据进行管理。

设置默认值

在列中设置默认值的DEFAULT

可以使用DEFAULT约束在列中设置默认值。如果在设置了DEFAULT约束的列中添加一条记录而不设置任何值，就会**保存预先指定的默认值**（图4-13）。此外，如果显式地对值进行了设置，则不会保存默认值，而是会保存设置的值。

例如，可以将商品表中的库存数量列的默认值设置为0、在登记用户的购物积分时，将积分设置为0，以及预先将商品的支付状态设置为未支付。

综上所述，**如果有需要设置的初始状态，那么预先将这种初始状态设置为默认值**，之后使用起来就会非常方便。

默认值的设置方法

如果是在MySQL系统中，就可以像图4-14所示的那样，在创建表时通过在列名后添加DEFAULT的方式设置默认值。在图4-14的示例中，创建了一个包含name列和age列的users表，并且在age列中指定了10为默认值。

接下来，将在这张表中将name列设置为“山田”，并在其中添加一条记录（参考3-6小节）。此时没有指定age列中的值。那么，name列中就会保存已经指定的“山田”，age列中则会保存指定的默认值10。如果显式地指定了age列中的值并插入记录，则不会保存默认值，而是会保存指定的值。

图4-13 **DEFAULT 约束的作用**

将默认值设置为0的情况

items 表

名称	库存数量
草莓	5
橘子	3
葡萄	6
桃子	0

添加记录

自动保存默认值0

图4-14 **设置默认值的命令**

命令

```
CREATE TABLE users (name VARCHAR(100), age INT DEFAULT 10);
```

将默认值设置为10

users 表

name	age

知识点

- 使用 DEFAULT 约束可以在列中设置默认值。
- 如果有需要设置的初始状态，将这种状态设置为默认值就会比较方便。

» 当没有放入任何数据时

NULL 表示没有保存数据的状态

当列中保存的值为NULL时，表示“空”“什么都没有”（图4-15）。由于它从一开始就不包含任何内容，因此与0和"（空字符串）有所区别。它既不是数字也不是字符串。此外，如果表的列中没有设置默认值，那么默认值就是NULL。

将默认值设置为NULL之后，就**可以显式地表示该字段中没有保存任何内容**。在表示没有保存任何内容时，虽然也可以设置为数值0，但是在这种情况下，当表示年龄的字段中保存了0时，就无法区分它是表示空的数据还是表示“0岁”。因此，如果使用NULL，那么无论是哪种数据类型，都可以将它用于表示其中原本就没有输入任何数据。

NULL 的行为

接下来，将确认实际保存在列中的值为NULL的示例。假设users表中提供了name列和age列。但是，age列中没有设置默认值。如图4-16所示，在这种状态下将name列的值设置为“山田”，并在age列中不设置任何值的情况下添加一条记录。这样一来，没有指定值的age列中的值就会被添加为NULL。如果将命令中“'山田'”的部分更改成NULL，也可以将name列中的值指定为NULL。

此外，在SELECT语句中添加WHERE age IS NULL这类条件之后，就可以查询值为NULL的记录（参考3-10小节）。

图4-15 **何谓NULL**

users 表

name	age
山田	21
佐藤	36
铃木	0
山本	NULL

21岁

36岁

0岁

表示其中没有任何数据

图4-16 **值为NULL 的示例**

命令

```
INSERT INTO users (name) VALUES ('山田');
```

users 表

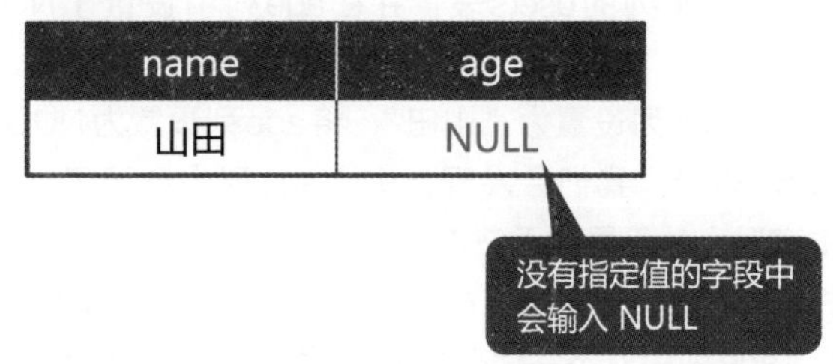

name	age
山田	NULL

没有指定值的字段中会输入 NULL

知识点

- NULL 表示“什么都没有”，它既不是数字也不是字符串。
- NULL 方便用于显式地表示未输入任何值。

避免数据为空的状态

避免保存NULL

可以使用**NOT NULL** 约束来避免在列中保存NULL。这样一来，即使尝试向设置了NOT NULL 约束的列中保存NULL，也会发生错误从而导致无法进行添加（图4-17）。由于NULL表示没有任何值（参考4-8小节），因此，**这个约束只能设置在必须保存一些值的列中**。

例如，可以在存储商品代码和用户ID 等必须输入内容的项目的列中进行设置。

此外，如果没有在设置了NOT NULL约束的列中指定任何值，某些数据库管理系统会将NULL之外的值作为默认值保存。例如，MySQL 系统会自动将0作为数值类型的列中的默认值保存。

NOT NULL 约束的设置方法

如果是在MySQL系统中，可以像图4-18所示的那样，在创建表时通过在列名后面添加NOT NULL的方式设置无法保存NULL。在图4-18中，创建了一个包含name列和age列的users表，并在age列中设置了NOT NULL约束。

接下来，尝试将name列设置为“山田”，将age列设置为NULL并添加一条记录（参考3-6小节）。我们会发现，由于age列中启用了NOT NULL约束，因此会发生错误，从而导致无法进行登记。

然后，尝试将name列设置为“佐藤”并添加一条记录。此时，不指定age列的值。那么，age列中就不会保存NULL，而是会自动地将0作为默认值保存。

图4-17 NOT NULL 约束的作用

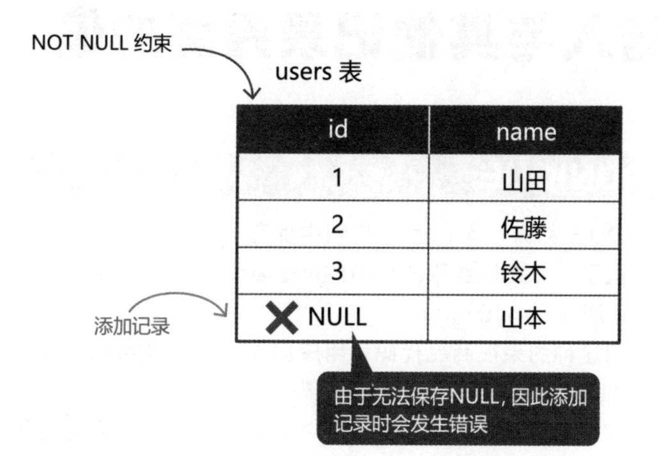

图4-18 设置NOT NULL 约束的命令

命令

```
CREATE TABLE users (name VARCHAR(100), age INT NOT NULL);
```

设置为不允许保存NULL

users 表

name	age

知识点

- 使用NOT NULL 约束可以避免在列中保存NULL。
- 在必须输入信息的列中设置NOT NULL 约束，可以为我们在操作数据库时带来很多便利。

» 避免输入与其他记录重复的值

避免重复的UNIQUE

通过使用UNIQUE 约束，可以避免在列中保存与其他记录相重复的值。如果试图在设置了UNIQUE 约束的列中保存重复的值，就会发生错误，从而导致无法进行添加（图4-19）。

例如，可以使用这种约束在商品代码和用户ID 这类**始终不存在重复值的列中进行设置**。如果另一个商品拥有相同的商品代码，系统就会无法识别，从而给工作带来困扰。因此，可以预先设置UNIQUE 约束来避免输入这类重复的数据。

此外，虽然NULL 表示没有任何值（参考4-8小节），但是UNIQUE 约束并不适用于它。因为在特殊的情形中，NULL 可以保存在多条记录中。这意味着UNIQUE 约束只适用于包含了值的记录。

UNIQUE 约束的设置方法

如果是在MySQL系统中，就可以像图4-20所示的那样，在创建表时，通过在列名后面添加UNIQUE的方式来避免保存重复值。在图4-20中，创建了一个包含id列和name列的users表，并在id列中设置了UNIQUE约束。

接下来，尝试将这张表中的id列设置为1，将name列设置为“山田”，并在表中添加一条记录（参考3-6小节）。然后，将id列设置为1，将name列设置为“佐藤”并在表中添加一条记录。这样一来，由于id列启用了UNIQUE约束，因此输入相同值时会发生错误，从而导致无法进行添加。不过，将id列更改为2之后，就可以合法地进行添加了。

图4-19　UNIQUE 约束的作用

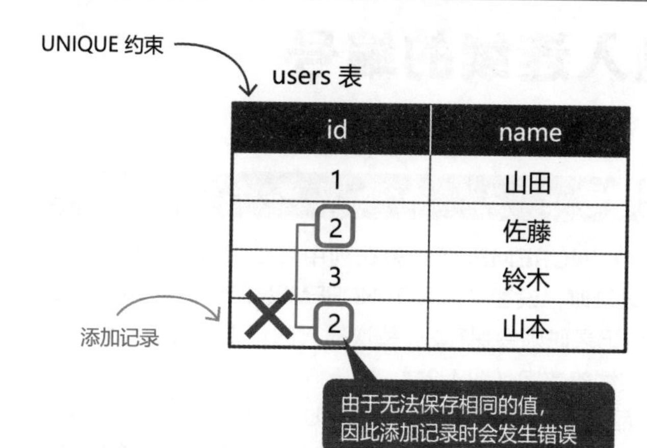

图4-20　设置UNIQUE 约束的命令

命令

```
CREATE TABLE users (id INT UNIQUE, name VARCHAR(100));
```

设置为无法保存相同的值

users 表

id	name

知识点

- ✎使用 UNIQUE 约束可以避免在列中保存与其他记录重复的值。
- ✎可以将UNIQUE 约束用于设置在商品代码和用户 ID 等始终不存在重复值的列中。

自动输入连续的编号

自动地分配编号

可以使用AUTO_INCREMENT约束在列中自动保存连续的编号。例如，在第一次插入记录时，设置了AUTO_INCREMENT约束的列中会自动地保存1。继续插入新记录时则会保存2，每次插入的记录都会自动地保存1、2、3、4……这样连续的数字（图4-21）。

如果预先在商品ID和用户ID等列中设置AUTO_INCREMENT约束，系统就会**自动地为每个记录分配一个编号，并将这些编号作为识别商品和用户的号码进行处理**。AUTO_INCREMENT 约束可以在这类场景中派上用场。

AUTO_INCREMENT 的设置方法

如果是在MySQL系统中，就可以像图4-22所示的那样，在创建表时，通过在列名后面添加AUTO_INCREMENT的方式，自动地保存连续的编号。在图4-22中，创建了一个包含id列和name列的users表。然后在id列中设置了AUTO_INCREMENT约束。在设置了AUTO_INCREMENT约束的列中，需要提供索引（参考7-7小节）、UNIQUE 约束（参考4-10小节）或者主关键字（参考4-12小节），因此，在这里也设置了UNIQUE约束。

接下来，尝试在这张表中将name列设置为“山田”，并在其中添加一条记录（参考3-6小节）。然后，1会被自动输入到id列中。接着，再将name列设置为“佐藤”，并在其中添加一条记录。毫无疑问，这次会自动地将2保存到id列中。

图4-21 **AUTO_INCREMENT 的作用**

AUTO_INCREMENT

users 表

id	name
1	山田
2	佐藤
3	铃木
4	山本

每次添加记录都会自动保存连续的数字

图4-22 **设置AUTO_INCREMENT 的命令**

命令

```
CREATE TABLE users (id INT UNIQUE AUTO_INCREMENT, name VARCHAR(100));
```

设置为自动保存连续的数字

users 表

id	name

知识点

- 使用 AUTO_INCREMENT 约束可以自动地在列中保存连续的编号。
- AUTO_INCREMENT 约束可以用于商品 ID 和用户 ID 等需要通过数字对数据进行识别的场景中。

使记录可以进行唯一识别

使记录可识别

如果在列中设置**PRIMARY KEY**，就可以防止在列中保存与其他记录重复的值和NULL（参考4-8小节）。也就是说，只要知道设置了PRIMARY KEY的列中的值，就可以锁定一条记录。因此，将这一约束**设置在专门用于识别每条记录的列中**，就可以为我们的操作带来便利。

例如，假设存储用户信息的表中登记了两个姓名为“佐藤”的用户。虽然是两个不同的人，但是只看name列是无法对记录进行区分的。如果另外再准备一个设置了PRIMARY KEY的id列，并为每一个用户设置一个唯一的不重复的值，就可以对这两条记录进行识别（图4-23）。此外，设置了PRIMARY KEY的列被称为**主关键字**或**主键**。

PRIMARY KEY 的设置方法

如果是在MySQL系统中，就可以像图4-24所示的那样，在创建表时，通过在列名后面添加PRIMARY KEY的方式设置主键。在图4-24中，创建了一张包含id列和name列的users表，并将id列设置为主键。这样一来，id列中就无法保存重复的值和NULL。

接下来，将这张表中的id列设置为1，将name列设置为“山田”，并在其中添加一条记录（参考3-6小节）。接着，将id列设置为1，将name列设置为“佐藤”，再添加一条记录。由于id列中无法保存重复的值，因此这条记录无法进行添加。不过，将id列更改为2之后，就可以顺利地进行添加了。此外，如果将id列设置为NULL，将name列设置为“铃木”并添加一条记录，由于id列中无法保存NULL，因此这条记录也无法进行添加。

图4-23 PRIMARY KEY 的作用

PRIMARY KEY

users 表

id	name
1	山田
2	佐藤
3	铃木
4	佐藤

虽然是相同的姓名，但是是不同的用户

查看这一列就可以进行区分

图4-24 设置PRIMARY KEY 的命令

命令

```
CREATE TABLE users (id INT PRIMARY KEY, name VARCHAR(100));
```

设置为无法保存与其他记录重复的值和NULL

users 表

id	name

知识点

- 在列中设置PRIMARY KEY，将无法保存与其他记录重复的值和NULL。
- 可以在需要对每条记录进行识别的列中设置PRIMARY KEY。

» 与其他表进行关联

对表进行关联

如果在某列中设置了**FOREIGN KEY**，那么该列中就只允许保存指定的其他表的列中存在的值。也就是说，可以在表中**创建一个依赖于其他表中的值的列，将表关联起来**。以这种方式进行设计，就可以连接在3-20小节中讲解的表并提取需要的数据。

例如，准备一个专门用于保存部门信息的部门表，并将它作为母表。再创建一个专门用于保存用户信息的包含“部门ID”列的用户表，并将它作为子表。然后将子表和母表关联起来。由于子表中的“部门ID”列与母表是关联在一起的，因此，必须让那些不存在于母表中的部门ID 无法登记在子表中。对于这种列，可以通过设置FOREIGN KEY来实现（图4-25）。

此外，设置了FOREIGN KEY的列被称为**外键**。

FOREIGN KEY的设置方法

如果是在MySQL系统中，就可以像图4-26所示的那样，在创建表的命令中使用FOREIGN KEY，并在其后指定需要设置外键的列名、关联的母表名和列名。在图4-26中，创建了一张包含name列和department_id列的users表。然后，将department_id列作为外键，与departments（部门）表的id列关联。这样一来，department_id列中就只能保存departments表的id列中存在的值。也就是说，可以阻止在其中添加不存在于部门中的用户。

图4-25 **FOREIGN KEY 的作用**

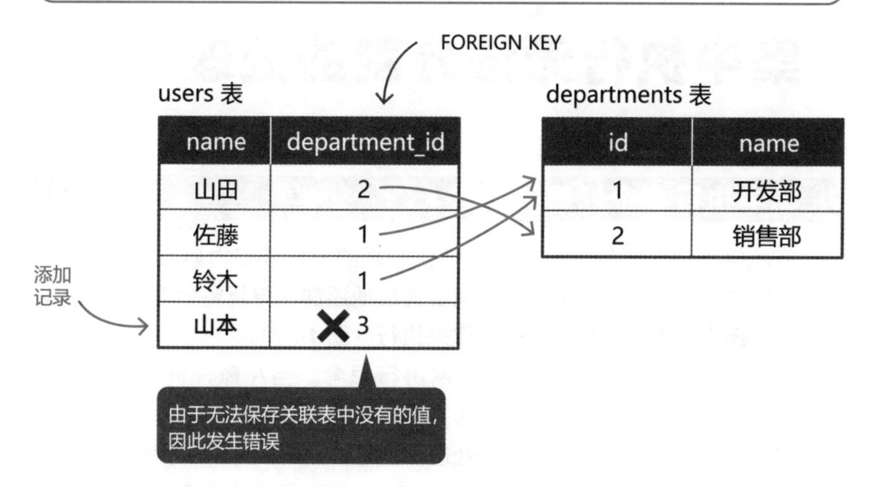

图4-26 **设置FOREIGN KEY 的命令**

命令

```
CREATE TABLE users (name VARCHAR(100), department_id INT,
  FOREIGN KEY (department_id) REFERENCES departments(id)
);
```

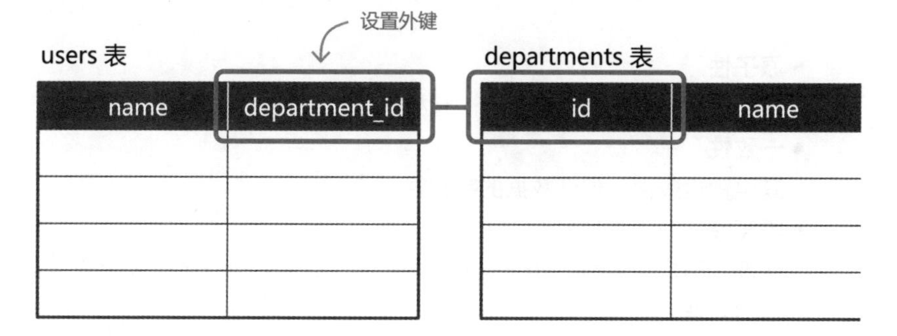

知识点

- 在列中设置FOREIGN KEY，就只允许保存指定的其他表的列中存在的值。
- 通常将FOREIGN KEY 设置在希望使用该列与其他表进行关联的列中。

集中执行无法分割的处理

集中执行多个处理的事务

将数据库中执行的多个处理集中在一起的集合被称为**事务**。虽然SQL可以一次执行一条语句，**但是如果需要连续地添加和更新多个数据，也可以将一系列操作捆绑起来作为一个操作来执行**（图4-27）。

接下来，将尝试以银行账户为例进行思考。当A 账户向B 账户汇款10 万元时，在数据库上就需要同时执行“A 账户的存款减少10 万元”和“B账户的存款增加10 万元”两个处理。但是，如果A 账户在完成处理之后出现了系统故障，而此时B 账户的处理还未执行，汇款金额就不会反映在B账户中（图4-28）。因此，如果使用事务将这些处理集中起来一起执行，就可以避免发生数据不一致的问题。

事务的特性

事务具有以下几种特性。

- **原子性**
  包含在事务中的处理要么“一起被执行”，要么“都不被执行”。
- **一致性**
  满足预设条件，保证数据的完整性。
- **隔离性**
  处理过程是隐藏的，外部只能看到结果。在执行处理时，不会影响其他的处理。
- **持久性**
  一个事务一旦完成，其结果永不丢失。

图4-27　**事务的作用**

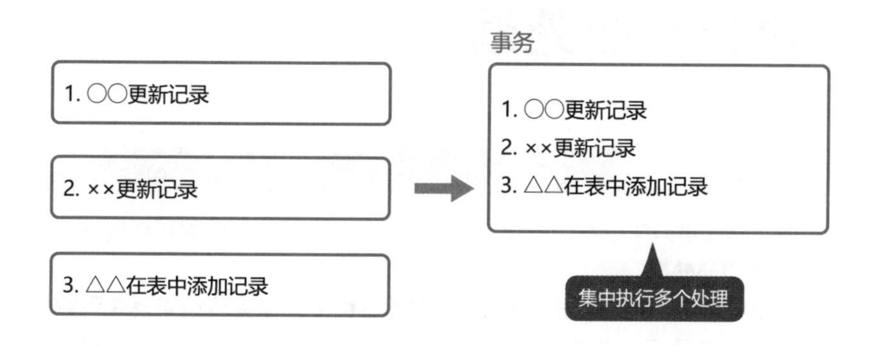

图4-28　**A账户向B账户汇款时发生问题的示例**

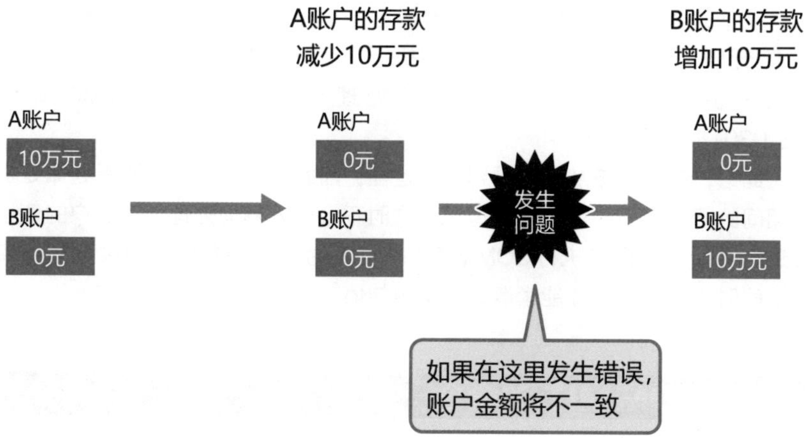

A账户的存款减少10万元

B账户的存款增加10万元

A账户 10万元

B账户 0元

A账户 0元

B账户 0元

发生问题

A账户 0元

B账户 10万元

如果在这里发生错误，账户金额将不一致

知识点

- 在数据库中执行的多个处理的集合被称为事务。
- 事务可以避免因处理中断而导致数据不一致的问题发生。

执行一组处理

确定事务处理

当一系列事务中包含的处理执行成功后，将该结果反映到数据库中的操作被称为COMMIT 。

在使用事务功能时，**执行SQL 语句的过程中并不会将结果反映到数据库中。只有在最后一步执行COMMIT 命令之后，才能反映出更改的内容**（图4-29）。

执行COMMIT 命令之前的流程

接下来，将尝试以银行账户为例进行思考。当A 账户向B 账户汇款10 万元时，数据库会使用事务功能执行“A 账户的存款减少10 万元”和“B账户的存款增加10 万元”两个处理，最后再执行COMMIT 命令（图4-30）。

此时，由于无法从外部看到处理过程，因此从其他处理无法看到命令执行期间的值，故而在A 账户的值更新之时不会插入其他处理。B 账户的值也会进行更新，并且在执行COMMIT 命令之后才能将执行结果反映到数据库中。此时，其他处理才能读取该结果中的值。

执行COMMIT 的命令

事务功能的执行方法因数据库管理系统而异。如果是在MySQL系统中，首先需要执行START TRANSACTION;，之后再使用事务功能编写需要执行的处理。此时，执行结果还不会反映到数据库中。只有执行了COMMIT;的命令之后，才可以执行COMMIT 处理，最后才会在数据库中反映更改的内容。

图4-29 COMMIT 的作用

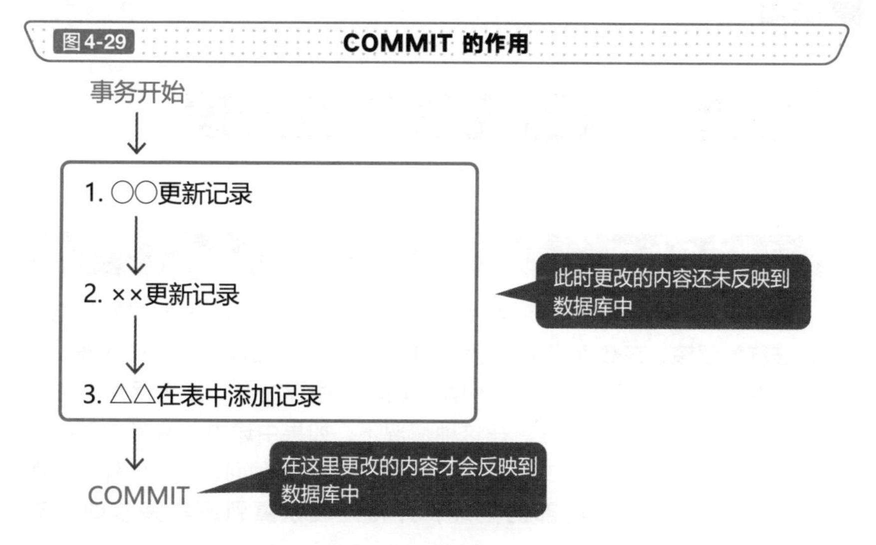

图4-30 A账户向B账户汇款10万元的示例

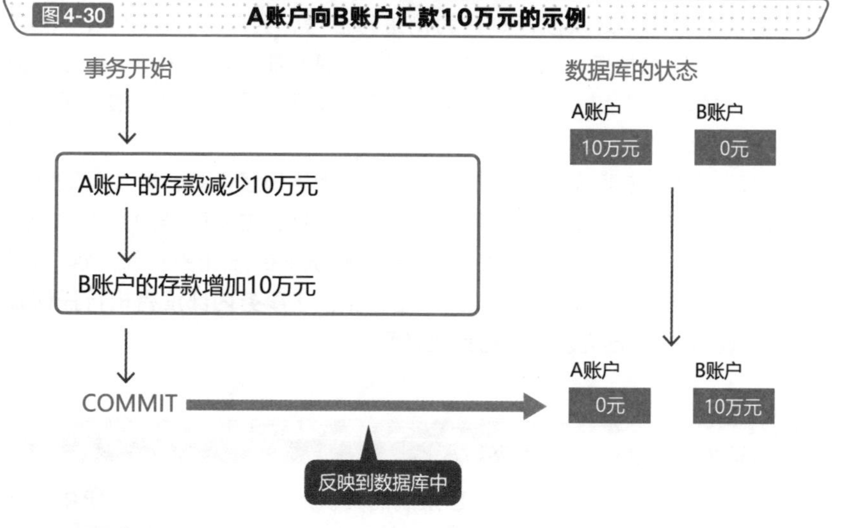

知识点

- 当一系列事务中包含的处理执行成功后，将该结果反映到数据库中的操作被称为COMMIT。
- 直到执行COMMIT 命令为止，其他处理都无法看到在事务中执行命令期间的值。

» 取消一组已经执行的处理

取消事务处理

当事务内部的处理出现问题时，取消处理并返回到事务开始时的状态的操作被称为**回滚**。在数据库中执行的处理并非总是执行成功的。在处理过程中会发生各种意想不到的问题。例如，因程序中存在bug 或者网络发生故障而导致无法连接数据库等。在这种情况下，如果中途中断事务内部的处理，就可能无法确保数据的完整性。为了避免发生这种问题，通常都会使用回滚功能来**取消事务内部的处理，并将处理恢复到原本完整的状态**(图4-31)。

接下来，将尝试以银行账户为例进行思考。当A 账户向B 账户汇款10 万元时，正常情况下的流程是，数据库会使用事务功能执行“A 账户的存款减少10 万元”和“B 账户的存款增加10 万元”两个处理，最后再执行COMMIT 命令。

但是，如果在更新了A 账户的值之后马上出现了问题，导致无法继续执行处理时，就这样直接执行COMMIT 命令的话，由于B 账户尚未进行更新，因此就无法保证数据的完整性。在这种情况下执行回滚处理，就可以退回到事务开始时的状态。从结果上来看，相当于**事务内部没有执行任何处理，因此数据库中不会发生任何变化**（图4-32）。

执行回滚的命令

执行回滚的命令因数据库管理系统而异。如果是在MySQL系统中，要在START TRANSACTION;命令的后面编写需要使用事务执行的处理。如果发生了问题，则需要执行ROLLBACK;命令回滚事务内部的处理。

图 4-31 回滚的作用

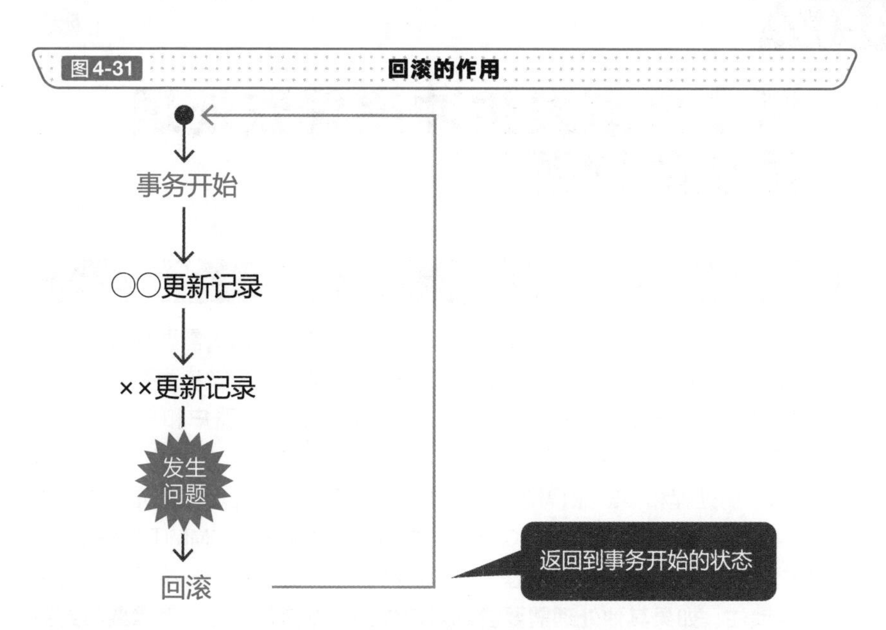

图 4-32 执行回滚的示例

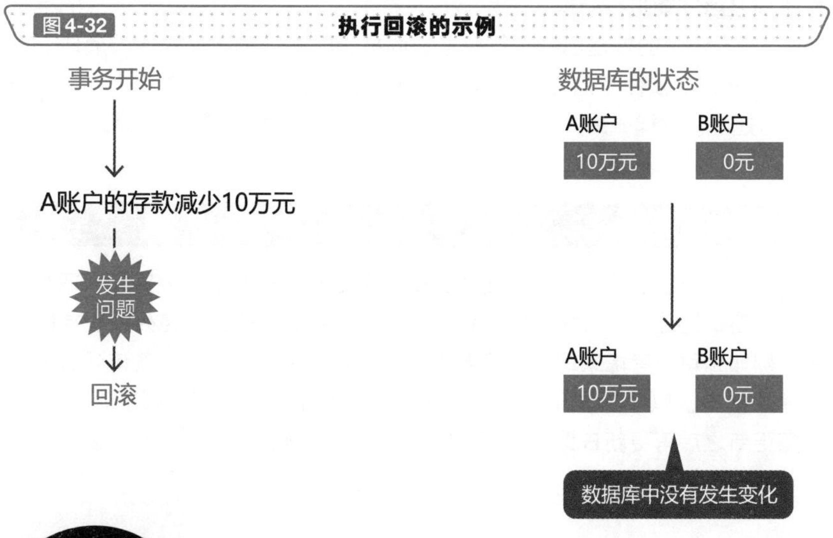

知识点

- 取消事务内部的处理并返回到事务开始时的状态的操作被称为回滚。
- 因发生了意想不到的问题而导致事务处理中断时，可以使用回滚功能让事务退回到完整的状态。

» 两个处理发生冲突导致处理停止的问题

事务处理无法继续的问题

当多个事务需要同时执行处理同一数据的操作时，陷入需要相互等待对方完成处理的状态，从而导致无法继续下一个处理的现象被称为**死锁**。

接下来，将尝试以银行账户为例进行思考。假设A 账户和B 账户中各存入了10 万元，并且同时执行如图4-33所示的“A 账户向B 账户汇款10万元”的处理和“B 账户向A 账户汇款10 万元”的处理。首先，需要执行1-1的“A 账户的存款减少10 万元”的处理，在执行COMMIT 命令之前，A 账户的数据处于被锁住的状态。类似这样，与事务中的处理相关的数据会被暂时锁住。如果**其他处理需要尝试对锁住的数据进行操作，就需要等到数据解锁之后才能执行处理**。之后，在执行1-2 之前，2-1 的“B 账户的存款减少10 万元”的处理已经执行完毕。同样，B 账户的数据也会被锁住。由于两个事务都锁住了对方需要操作的数据，因此，将无法继续执行1-2 和2-2 的处理。这样一来，两个动作都只能停止。这种现象就是死锁。

死锁的对策

当产生死锁现象时，必须**终止其中一个处理**。虽然某些数据库管理系统提供了自动监控死锁并执行回滚处理的机制，但是首先要避免死锁现象的产生。例如，可以考虑采取缩短事务内部的处理时间以及统一事务访问数据的顺序等措施。以账户之间进行汇款为例，两个事务都可以通过在A 账户的数据更新之后再更新B 账户数据的方式，以避免死锁的产生（图4-34）。

图4-33 发生死锁的状态

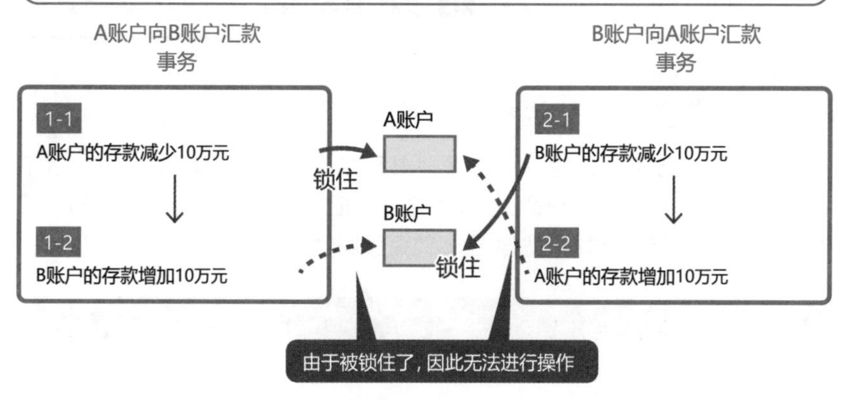

图4-34 避免发生死锁的示例

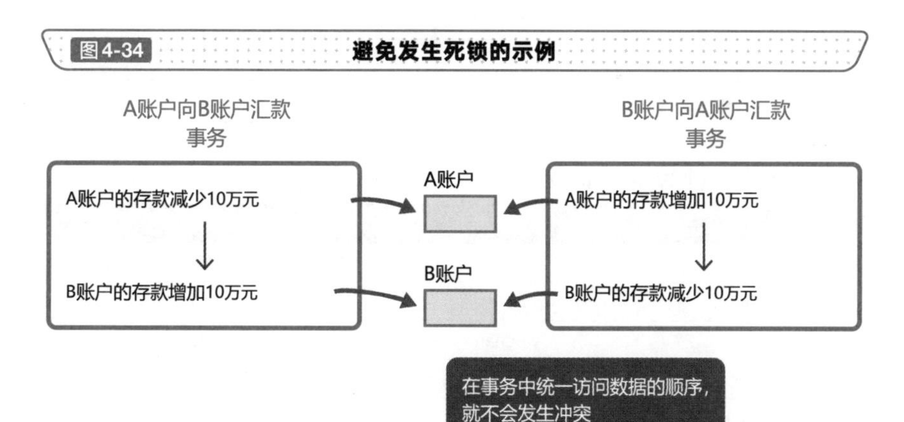

知识点

- 当多个事务处理同时对同一数据进行操作时，陷入需要相互等待对方完成处理的状态，从而导致无法继续下一个处理的现象被称为死锁。
- 当发生了死锁现象时，需要使用回滚功能结束其中一个处理。
- 首先需要采取相应的措施防止发生死锁现象。例如，缩短事务的处理时间，以及统一事务访问数据的顺序等。

开始实践吧

尝试设置数据类型、约束和属性吧

请尝试进行下列思考，当在管理书籍信息的表中设置了id、title（书名）、genre（分类）、published_at（发行日期）、memo（备注）列时，应当为每个列设置什么样的数据类型、约束和属性。

列名	数据类型	约束和属性
id		
title		
genre		
published_at		
memo		

解答示例（MySQL 的场合）

列名	数据类型	约束和属性
id	int	AUTO_INCREMENT，NOT NULL
title	varchar	NOT NULL
genre	varchar	NOT NULL
published_at	datetime	NOT NULL
memo	text	

在上述示例中，假设需要在id 列中输入数值，因此将此列设置为int型。此外，还设置了自动插入1、2、3……这类连续数字的AUTO_INCREMENT约束。

假设需要在title 和genre 列中输入字符串，因此将这两列设置为varchar型；假设需要在published_at 列中输入日期，因此将此列设置为datetime型。此外，为了避免输入空字符串，每列都设置了NOT NULL约束。

为了能让memo 代入较长的字符串，因此将此列设置为text 型。

第5章

引入数据库

——数据库的结构与表的设计

》引入系统的流程

引入系统后的问题与引入数据库的流程

在引入系统时，如果事先没有对必须考虑的要点进行整理就直接着手引入，就可能**在引入系统之后，发现缺少必要的功能，或者添加了不必要的功能，或者在使用过程中需要重新进行设计而导致需要花费额外的时间**，这些情况都可能导致发生意想不到的问题。

因此，为了避免这些问题的发生，需要在引入系统之前**对步骤进行整理**。通常情况下，系统开发的流程大致包括需求定义、设计、开发、引入和运用这几个步骤（图5-1）。

❶需求定义

需求定义是一个当目前存在某些问题，为了解决这些问题，在经过讨论之后，确定需要使用什么样的系统的步骤。在这个阶段需要听取各方的意见和需求，并确定系统需要提供什么样的功能（参考5-4小节）。

❷设计

设计是一个根据需求定义，确定各种规格以满足需求的步骤。在这个步骤中，需要确定数据库中应当设置什么样的表和列，列中应当设置什么样的数据类型和约束条件等项目。数据库的设计可以使用E-R图（参考5-7 ~ 5-9小节），也可以通过规范化（参考5-10 ~ 5-13小节）的方式来实现。

❸开发

在开发的步骤中，需要根据设计的内容编写软件和创建数据库。如果是数据库，就可以使用SQL 语句来创建表并为列设置约束条件。

❹引入和运用

创建好系统之后，就可以将它运用到实际工作中，或者发布软件开始投入使用。可以根据具体情况，在正式运用之前测试相关的动作，可以先在小范围内开始试运行。例如，先在一个部门内运行。

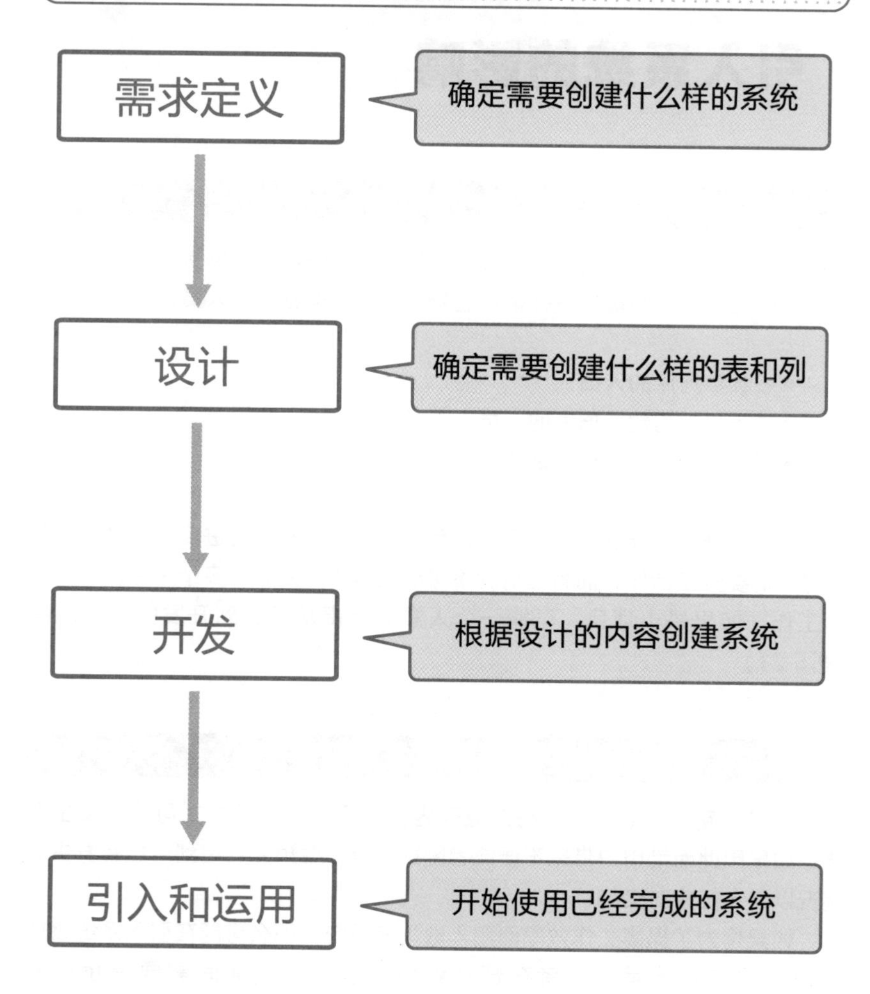

知识点

- 如果在没有考虑清楚需求的情况下就引入系统，就可能会发生一些意想不到的问题。例如，在引入系统后发现缺少必要的功能，或者需要增加不必要的工时等。
- 数据库等系统的开发流程大致包括需求定义、设计、开发、引入和运用等步骤。

引入系统的影响

系统开发所需负责人

在开发系统时，需要确保开发所需的成员和确定相关负责人。如果是公司内部进行开发，则需要进行**角色划分**。例如，指派以下人员。

- 设计数据库的人员。
- 基于设计构建数据库的人员。
- 对完成的系统进行测试的人员。

除此之外，可能还需要一个项目负责人来跟进开发的进度。在某些情况下可能需要分工合作，而有些情况下可能又需要一人分饰多个角色，兼任多项工作。如果是小项目，可能一个人需要负责从设计到开发的整个流程（图5-2）。

因引入系统而发生变化的业务内容

当引入新的系统时，以往的业务内容和系统的使用方式可能会发生变化。如果因此而给用户带来不便或者困扰，就需要预先考虑到可能会发生的情况以及做好应对措施。

如果是为了提高工作效率而引入数据库系统，那么可能在引入系统之后需要更改工作流程，或者在迁移到新系统的过渡期间需要停止业务（图5-3）。在这种情况下，需要对相关负责人进行新系统的培训，或者需要预先告知相关人员暂停业务的意图。

此外，需要**听取实际使用业务系统的用户的意见。例如，使用上存在的不便之处和不同需求。这样就可以将这些收集到的需求用到新系统中**。如果有必要，还可以邀请用户体验系统的使用感受，以及测试系统有无运行方面的问题。因此，在引入新系统时，不仅需要开发人员的努力，还需要其他人员的积极配合。

图5-2　系统开发中扮演不同角色的成员

设计兼开发者

图5-3　引入新系统所带来的影响

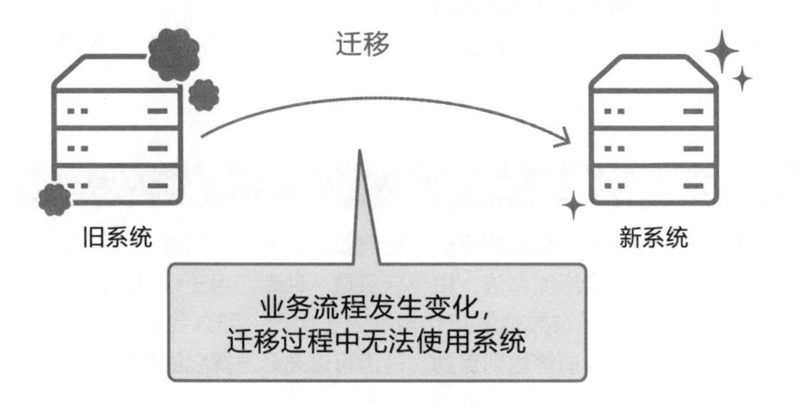

知识点

- 在系统开发中，需要分配设计和构建系统、测试、项目负责人等扮演不同角色的成员。
- 由于引入新系统可能会改变业务流程，或者在迁移系统时需要暂停业务，因此需要与相关负责人共同合作推进工作的开展。

探讨是否应当引入数据库

引入数据库的缺点

虽然数据库具有很多优点，但是也存在下面这些**引入的缺点**，因此需要进行充分的调研，然后再探讨是否需要引入数据库（图5-4）。

首先，设计和引入数据库需要花费时间和金钱。在引入数据库之前，需要定义需求、设计、开发和调试才能开始运行系统。如果将这些工作外包或者使用商业产品，虽然可以最大限度地减少工时，但是也需要花费相应的成本。

此外，还需要学习专业知识和SQL 的操作方法。**虽然也有即使不具备专业知识也可以操作数据库的简单方法，但是当需要进行一些小的改动时，仍然要求我们掌握更加深入的知识。**

并且，当引入数据库之后出现错误时，也需要查找原因和处理问题，同样需要采取备份和安全的措施。

探讨是否应当引入系统

在引入数据库时，**引入的目的**也是需要探讨的一个内容。数据库不是一种神奇的工具，不会施加魔法，由于它只是一种专门用于存储和整理信息的工具，因此它能不能有效地发挥作用取决于用户。那么我们就需要认真探讨，**使用数据库是否能够达到目的，是否可以充分发挥它的优势**。

例如，如果引入的目的是提高工作效率，那么是否能够通过数据库解决问题就取决于使用方法。也许市面上存在更加方便的软件和产品，可能使用它们比自己引入数据库更加容易（图5-5）。也许引入了系统之后，发现要学习一个新的系统很麻烦，还是之前的做法更好。或者好不容易引入了新的系统，但是增加了工作内容。如果这样，因此而花费的时间和成本都将付诸东流。故而需要预先设想引入系统之后的工作场景，**如果缺点多于优点，就需要考虑采用其他的方法**。

图5-4　引入数据库的缺点

需要花费时间和金钱

需要具备专业知识

需要根据需求进行维护

图5-5　数据库之外的其他选择

使用电子表格软件管理数据

购买满足需求的专用软件和产品

知识点

- 由于引入数据库也存在一些缺点，因此需要仔细进行调研，然后再探讨是否应当引入。
- 需要考虑是否存在除自己引入数据库之外的其他选择。

》 整理用户需求和使用目的

选出必备功能的需求定义

在进行系统开发时，需要进行的第一个步骤是**需求定义**。如果用一句话对需求定义进行概括，它是指存在需要满足的需求，总结应当如何实现这些需求并提取具体需求的一个过程（图5-6）。如果没有经过慎重考虑就动手开发系统，之后容易发生完成的系统与当初设想的不一样，或者缺少必备的功能，又或者遇到意想不到的麻烦等各种问题。如果在开发之前就能确定好需求定义，那么**开发者和客户等系统相关的所有成员就能够共享信息。知道当前面临的问题、需要开发的功能包括哪些内容、系统完成后的应用场景、业务会发生什么样的变化之后，就可以提前避免那些能免则免的失败发生**。

例如，假设现在有一个平时使用记事本手动完成销售汇总的用户希望通过自动化来实现手动操作的需求。要实现这一需求，就需要讨论是引入POS收银机使用条形码记录已售商品，还是手动使用计算机进行输入；讨论销售汇总具体应当使用什么样的计算方法；还需要讨论是将汇总结果显示在屏幕上，还是每天通过电子邮件发送等等。需要确定系统中的具体操作来满足用户的需求。**通常情况下，会将确定下来的内容总结在文档中，并将该文档作为需求定义文档进行保存**（图5-7）。

数据库中的需求定义

数据库单独作为系统使用的用途是十分有限的。大多数情况下都是与收银机、应用程序、Web 网站等其他的产品和软件结合在一起使用的。其中，数据库的作用是登记、整理和查询数据（参考1-2小节）。而在需求定义阶段，需要为数据库确定的是，应当保存什么样的数据，以及应当输出什么样的数据这两个重点内容。

图5-6 **需求定义的流程**

图5-7 **自动进行销售汇总的系统的需求定义示例**

- 手动将进货的商品的ID和价格保存到数据库中
- 结账时使用POS收银机读取商品信息，并将已被购买的商品ID记录到数据库中
- 每天20:00通过电子邮件将合计销售额发送给店铺负责人

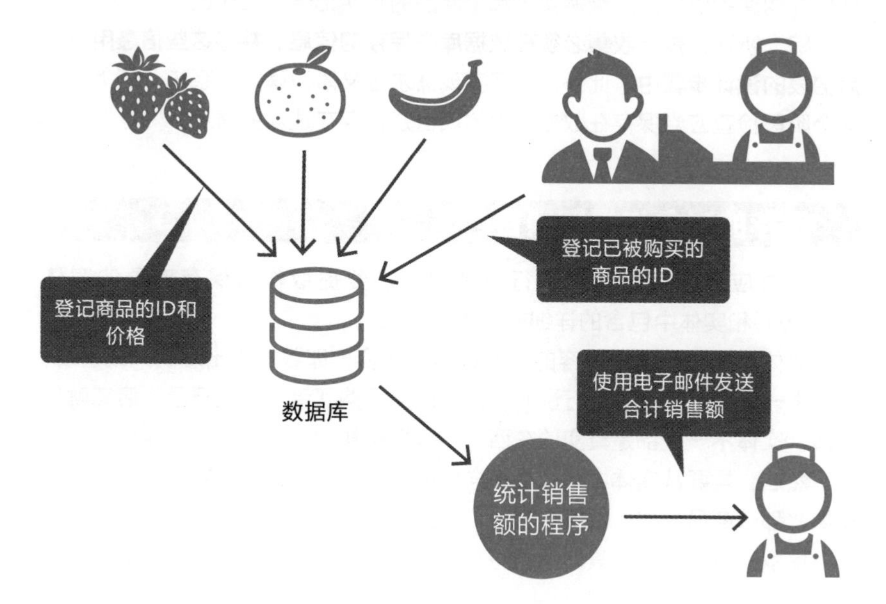

知识点

- 在需求定义阶段，需要考虑如何通过系统满足需求，并将具体内容总结在需求定义文档中。
- 对于数据库，需要预先确定应当保存和输出哪些数据。

思考需要保存的数据

确认数据库中保存的项目

在5-4小节中，已经对需要整理的用户需求和必备的系统进行了探讨。经过这一个步骤之后，接下来就需要思考应当在数据库中保存什么样的数据。

如果构建用于管理已售商品的数据库，就必须确定具体需要保存商品信息中的哪些项目。例如，除了商品名称和价格等商品本身的信息之外，还需要保存购买者信息以及谁购买了哪个商品的购买记录（图5-8）。

综上所述，**需要收集必须在数据库中保存的信息，并将这些信息用于之后的表的设计步骤中**。此外，为了实现需求定义阶段确定的系统，还需要在这个阶段检查应当保存在数据库中的项目是否存在遗漏的情况。

保存的对象与提取项目

在对应当保存的数据进行整理时，需要提取作为保存对象的实体（entity）和实体中包含的详细的项目（**属性**）。

实体是指具有通用内容的粗略数据的集合，即数据中出现的人或事物。如果举一个具体的例子进行说明，那么商品、购买者、购买记录、店铺就是实体。实体不一定都是真实的东西，也包括购买记录这类概念性实体。

然后，需要从实体中提取更加详细的项目，即属性。例如，如果商品是实体，那么商品名称、价格、商品ID 就是属性（图5-9）。

提取实体和属性的具体示例将在5-17小节中进行更加详细的讲解。

图5-8 确定需要在数据库中保存的项目

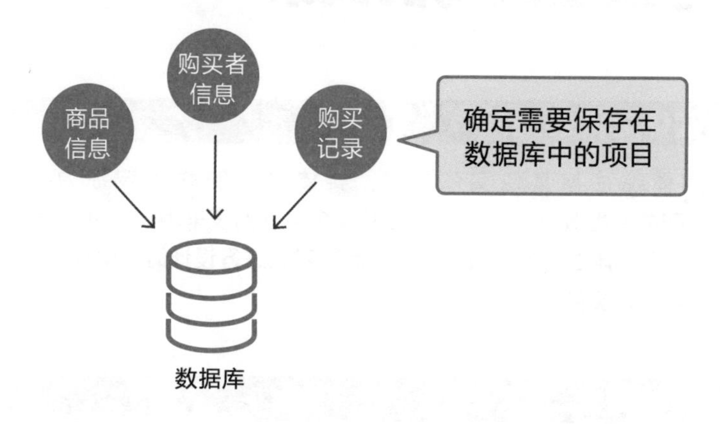

图5-9 实体和属性的示例

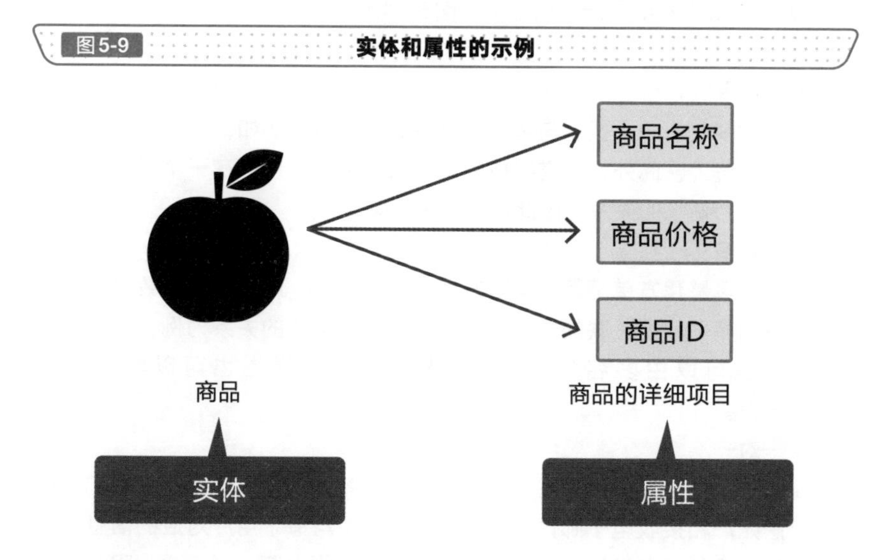

知识点

- 需要根据需求提取实体和属性。
- 实体是作为保存对象的实体，属性则是实体中包含的详细项目。

思考数据之间的关系

确认实体之间的关系

一个实体往往与其他实体相关，实体之间的联系被称为**关系**（图5-10）。在关系型数据库中，需要合并多个关联的表来表现数据。因此，**如果预先考虑好实体之间的关系，那么今后在对表进行设计时，就会更加容易理解表之间的关系和设置必备的列**。

关系的种类

实体之间的关系包括下列三种（图5-11）。

- **一对多**

  一对多表示一个数据与多个数据关联的关系。例如，一个部门中包括多名员工。此外，社交媒体的用户和帖子之间也存在一个用户可以发表多个帖子的关系，因此是一对多的关系。

- **多对多**

  多对多是我方单个数据与对方多个数据关联，对方的单个数据也与我方的多个数据关联的关系。如果以课程和学生的关系为例，就是一门课程可以由多名学生学习，相反，一名学生也可以学习多门课程。

- **一对一**

  一对一是指某个数据对应一个数据的关系。例如，在网站上登记的用户账户和接收电子邮件的设置信息，都是与每个用户对应的信息关联的。但是，在设计表时，一对一的关系会集中在一张表中。因此，这种关系通常只用于特殊情况。

图 5-10　实体之间的关系

图 5-11　关系的种类

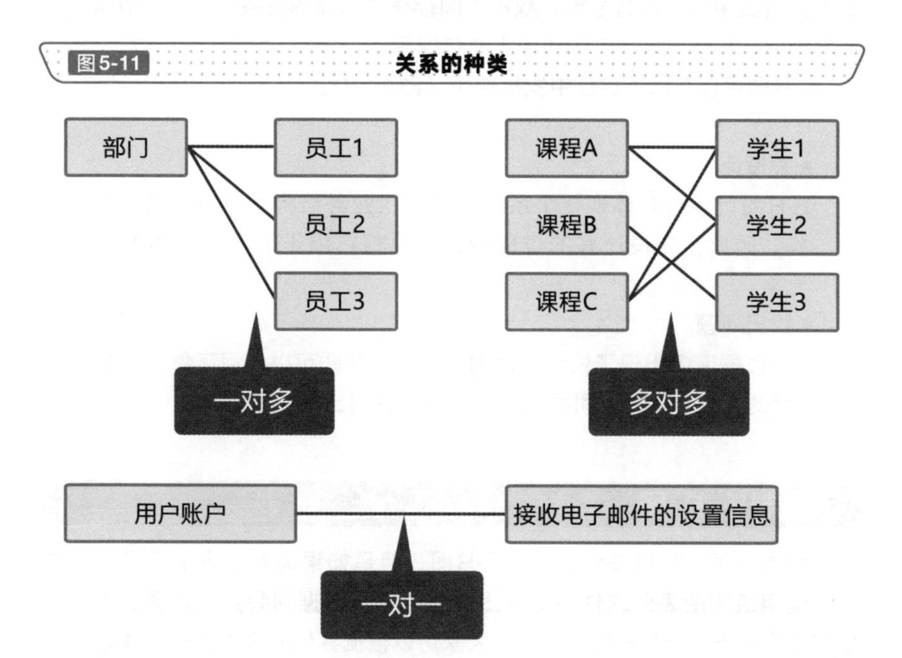

知识点

- 实体之间的联系被称为关系。
- 关系包括一对多、多对多、一对一三种。

» 使用图表表现数据之间的关系

表现数据及其关系的方法

E-R图是一种表示实体和关系的图表。严格来说，E-R图也分为几个种类，可以根据具体情况分为概念模型→ 逻辑模型→ 物理模型三层来创建E-R图。概念模型可以通过更为抽象的图表表现系统的全貌，逐渐接近物理模型时则可以登记构建实际的数据库所需的详细信息（图5-12）。

虽然不使用E-R图也可以设计数据库，但是浏览E-R图，就**可以一目了然地查看其中包含什么数据，数据之间存在什么样的关系**。因此，根据具体情况创建E-R图，有助于顺利地构建数据库。

E-R图可以在以下过程中发挥作用（图5-13）。

- **表设计**

  E-R图可以综合体现整个系统的逻辑、业务结构、人物结构和事物结构。因此，在设计表的过程中，可以将它用于确定那些必不可少的元素。
- **找出问题**

  当数据库中出现了设计问题时，使用E-R图可以一目了然地查看数据库的全貌，有助于引导我们找出问题并得出解决方案。

绘制E-R 图

理所当然，可以在纸上绘制E-R图，但是如果需要在多个成员之间共享，**使用绘制图表的软件将E-R图保存为电子数据则会更加方便**。市面上也有专门用于绘制E-R图的软件，大家可以根据具体的需求进行选择。

图5-12 E-R图的概要

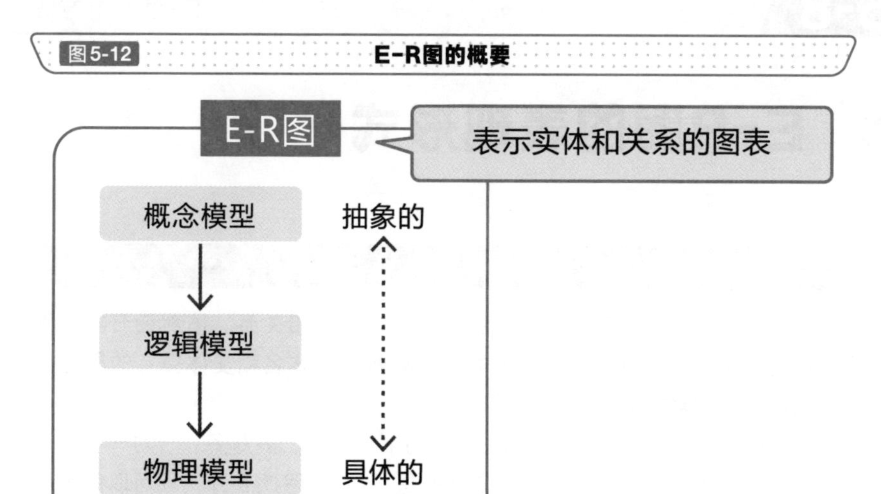

图5-13 E-R图的用途

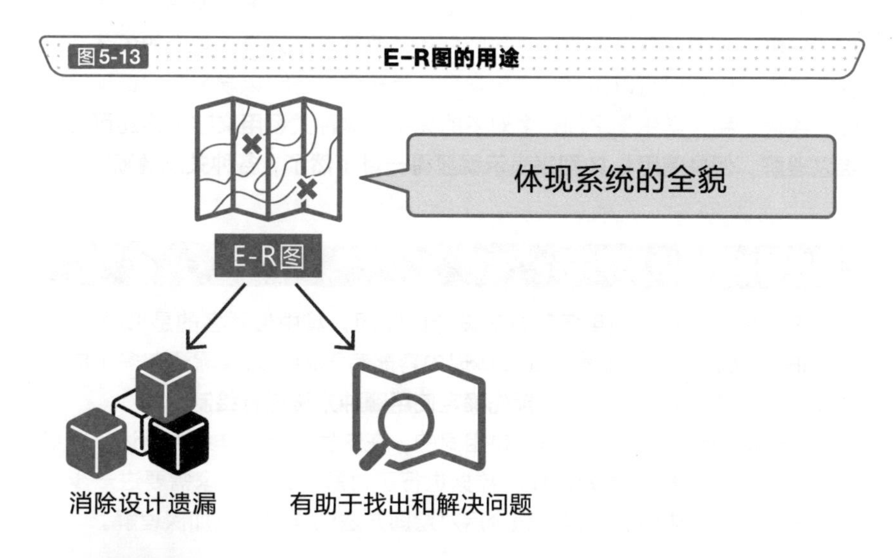

知识点

- E-R图是一种用于表示实体和关系的图表。
- E-R图可以用于绘制数据库的全貌，有助于找出表的设计问题和数据库中的问题。

» E-R图的表现形式

E-R图的基本绘制方法

如图5-14所示，E-R 图表示的是实体、属性和关系。虽然细节部分因**E-R图的绘制方法**而异，但是基本上都需要将实体名和实体具有的属性放在一起，并用连线将关联的实体连接起来。

此时通过图表就可以区分出它们之间是一对多、多对多、一对一中的哪一种关系。如图5-14所示，箭头指向的是“多”。除此之外，还可以使用其他绘制方法绘制出各种不同的E-R 图。

如图5-15所示，其中展示了将大学课程信息绘制成E-R 图的例子。实体包括“教师”“课程”和“学生”。由于一名教师负责多门课程，而一门课程则只由一名教师负责，因此“教师”和“课程”之间是一对多的关系。此外，由于一门课程可以由多名学生学习，而一名学生可以学习多门课程，因此“课程”和“学生”之间是多对多的关系。这种关系**用文字来描述可能会难以理解，但是使用E-R 图来表示就显得一目了然了，各种关系清晰可见**。

E-R图的绘图方法

可以根据用途，使用各种方法设计E-R 图。其中最著名的是IDEF1X方法和IE 方法，它们的绘图方式和体现内容略有不同。如果需要在多个成员之间共享，就需要达成共识，**预先确定使用哪种方法进行绘制**。

无论使用哪种方法，概念都是相同的。在这里省略了详细的描述，只粗略地对可以使用E-R 图如何体现数据进行了讲解。如果大家需要进一步了解E-R 图的详细内容，可以加强今后对绘图方法的学习，以加深理解。

图5-14 E-R 图的绘制方法

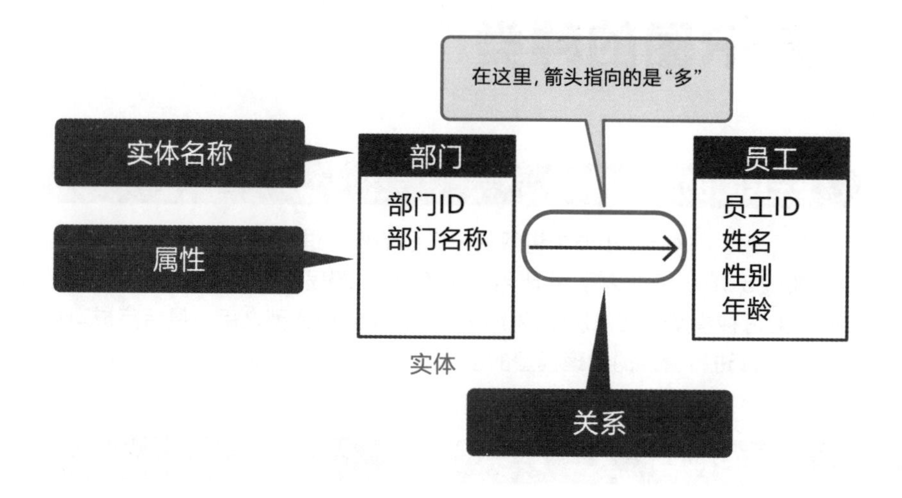

图5-15 将大学课程信息绘制成E-R 图的示例

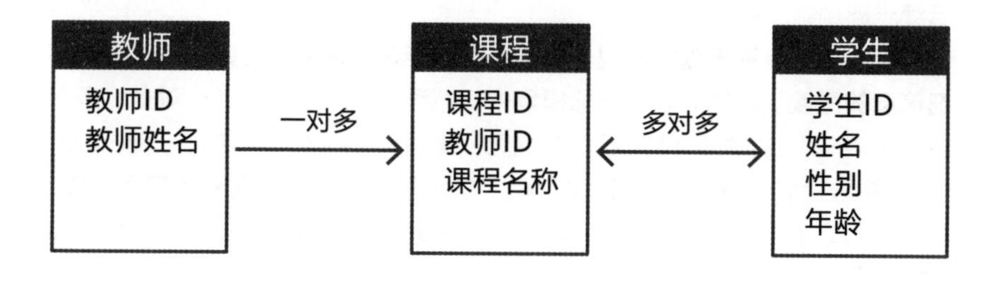

知识点

- E-R图基本上都需要将实体名和实体具有的属性放在一起，并用连线将关联的实体连接起来。
- 可以根据不同的用途，使用IDEF1X 方法和IE 方法绘制E-R 图。

E-R图的种类

E-R图的三种模型

接下来，将对5-7小节中讲解的E-R图的模型进行更加详细地讲解。

如图5-16所示，为了设计用于保存大学课程信息的数据库，创建了E-R图的每种模型。在依次创建了**概念模型**和**逻辑模型**之后，最后完成可以使用数据库进行管理的**物理模型**的创建（这里的绘制方法只是一个例子）。

模型的种类

概念模型是三种模型中最为抽象的模型，**是一种粗略地整理了事物（实体）和事件并且可以从整体查看数据库所需元素的图表**。在这个模型中，不需要了解数据的结构。可以在概念模型中对全貌进行整理，之后再将它用于后续步骤中。

逻辑模型是**基于概念模型，以更接近保存在数据库中的数据格式绘制详细信息的图表**。具体需要在概念模型中不断添加属性和关系（一对多、多对多、一对一）。如图5-16所示，在名为“教师”的实体中添加了“教师ID”和“教师姓名”属性。在“课程”和“学生”的实体中也同样添加了属性。从图中可以看到，“教师”和“课程”的实体是一对多的关系，“课程”和“学生”的实体则是多对多的关系。

比逻辑模型绘制得更加详细的图是物理模型。**它是E-R 图中的最终模型，在这种模型中整理内容时，采用的是可以实际通过数据库进行管理的格式**。可以根据逻辑模型来确定适用于实际数据库中的表和列的名称、数据类型，并在合适的位置创建中间表（参考5-18小节）。在图5-16 中，将数据库和表的名称转换成了半角英文字母，并创建了名为members的中间表以表示多对多的关系。

图5-16 大学的课程数据库设计中的E-R 图示例

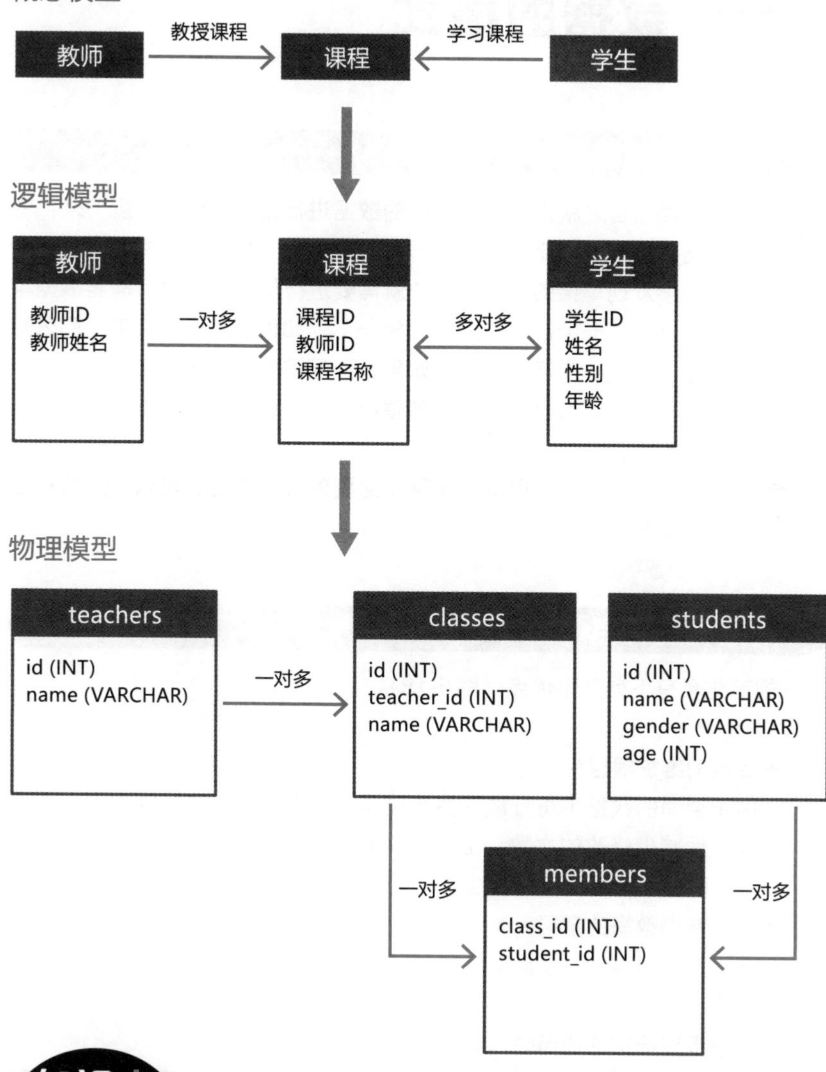

知识点

✎E-R 图需要按照概念模型→ 逻辑模型→ 物理模型的顺序进行创建。

✎首先需要创建抽象的概念模型，然后再不断将它完善成便于通过数据库进行管理的物理模型。

统一数据的格式

便于管理的数据结构

规范化，简而言之就是对数据库中的数据进行整理的步骤。接下来，将对图5-17所示的用于管理商品订单的表进行思考。像图5-17中那样登记好数据之后，如果发现苹果的价格有误，就需要进行修改。此时，需要根据苹果的订单量来修改每一个数据。大家想象一下，如果有大量的订单，那么修改所有的数据不仅会非常麻烦，而且如果有遗漏的部分，还会导致数据不一致的问题发生。因此，可以通过单独创建用于管理价格的专用表的方式来避免此类问题的发生。

对数据进行规范，就**可以减少这种不必要的重复数据，可以将数据整理**成易于管理的结构。

规范化的优点

规范化具有下列几个优点（图5-18）。

- **数据的维护很轻松**
  由于相同的数据不再分散在多个位置，因此需要修改数据时可以最大限度地减少修改的次数。由于可以消除修改时的遗漏情况，因此可以防止数据不一致的问题发生。
- **可以减少数据的容量**
  通过减少不必要的重复数据，可以有效减少保存数据所需的内存空间。
- **可以提高数据的通用性**
  对数据进行规范和整理，可以更加顺畅地与其他多个系统进行连接和迁移数据。

图5-17 规范化的示例

A先生（苹果 150元 → 200元）

A先生 橘子 100元

B先生（苹果 150元 → 200元） ➡

C女士 草莓 300元

C女士（苹果 150元 ⋯→ ）

一个一个地修改
容易出现遗漏

苹果	150元
橘子	100元
草莓	300元

创建专用的表
单独管理价格

图5-18 规范化的优点

可以减少容量

易于维护

方便用于其他使用目的

知识点

✎规范化是一个对数据库中的数据进行整理的步骤。

✎对数据进行规范，可以减少不必要的重复数据，并将数据整理成易于管理的结构。

避免重复的项目

可以在数据库中进行登记的第一范式

在进行规范化处理时，需要按照第一范式、第二范式……这样分阶段地进行。第一个阶段的**第一范式**的特征是**排除一份数据中重复出现的项目**。

当陆陆续续地在表中登记数据时，是在纵向添加记录并保存数据的，但是横向的项目（列）必须是固定的。因此，当出现多个相同的项目时，列就会不够用，从而导致无法进行登记。

例如，在使用数据库对商品进行管理时，在同一行中添加商品1 的名称和价格、商品2 的名称和价格、商品3 的名称和价格……数据库是无法处理这样的数据格式的。因此，首先需要通过第一范式对数据进行转换，将数据转换成可以登记在数据库中的格式。

第一范式的示例

接下来，将以使用Excel 等电子表格软件为学校的每门课程创建工作表，并以列表的形式对学习课程的学生进行管理为例进行详细讲解。如果将这些内容都集中在一张表中，则如图5-19所示。从表中可以看到，一门课程中多次出现了学生ID 和学生姓名的项目。将这种一行中重复出现相同项目的表格称为非范式。

处于这种状态的数据是很难使用数据库进行管理的。因此，需要将一行中重复出现的学生的项目作为另外一行独立出来。结果如图5-20所示。可以看到，每一行中只包含一名学生，并且学生ID 和学生姓名的项目也不再重复出现。虽然这样进行调整之后，出现了多个课程名称相同的行，但是在这里这种格式是没有问题的。这就是第一范式。

图5-19 **非范式的特征**

课程名称	教师姓名	教师的联系方式	学生ID	学生姓名
数据库	佐藤	090-***-***	1	田中
			2	山田
			3	齐藤
编程	铃木	080-***-***	2	山田
			4	远藤

相同的项目在一行中重复出现

图5-20 **第一范式的示例**

课程名称	教师姓名	教师的联系方式	学生ID	学生姓名
数据库	佐藤	090-***-***	1	田中
数据库	佐藤	090-***-***	2	山田
数据库	佐藤	090-***-***	3	齐藤
编程	铃木	080-***-***	2	山田
编程	铃木	080-***-***	4	远藤

每一行都是独立的

知识点

- 第一范式的特征是排除一份数据中重复出现的项目。
- 对数据进行第一范式处理之后，就将数据转换成了可以登记在数据库中的格式。

拆分其他种类的项目

便于管理数据的第二范式

在表中，存在只要知道值是什么，就可以根据值找出特定行的列。如果存在与该**列对应的且与其中的值具有从属关系的列，则可以将该列分离到其他的表中**。其结果被称为第二范式。

如图5-21所示，当商品库存管理表中的项目包含了店铺名称、商品名称、商品价格和库存数量时，只要知道项目中的店铺名称和商品名称，就可以找出一条记录。然后，需要将对应这些项目的项目分离开。由于这里的商品价格对应的是商品名称，因此可以在第二范式步骤中将它独立到其他表中。

移除了从属关系之后，就可以分别管理不同类型的数据。例如，当新商品到货时，就可以提前登记商品名称和商品价格。如果将新商品信息集中登记到订单表，由于新商品到货后还没有购货订单，因此，不仅无法登记商品信息，而且**以后需要编辑商品名称时还要修改多条记录，就可能会出现数据不一致的情况**。进行第二范式处理，可以避免发生这类问题，可以使数据更加便于管理。

第二范式的示例

如果以图5-22为例进行思考，可以识别出一条记录的列是课程名称和学生ID。其中，课程名称对应教师姓名和教师的联系方式，学生ID 对应学生姓名。接下来，需要将处于从属关系的项目提取出来，并将该项目分离到另外一张表中。这样就可以创建出每门课程的学生列表、课程表和学生表。这就是第二范式。

经过上述处理，就可以分别对课程和学生信息进行管理，并且可以预先登记学生尚未选修的课程和尚未参与学习的学生的信息。当需要修改负责讲课的教师姓名时，只需要编辑课程表中相应的一条记录即可。

图5-21 确定唯一记录的项目的示例

商品库存管理表

店铺名称	商品名称	商品价格	库存数量
A分店	苹果	200	3
A分店	草莓	300	5
B分店	苹果	200	2
B分店	橘子	100	3
C分店	草莓	300	1

A分店的草莓的库存是 5

C分店的草莓的库存是 1

知道店铺名称和商品名称就可以找到特定的行

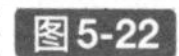
图5-22 第二范式的示例

可以识别一条记录的列

从属关系

课程名称	教师姓名	教师的联系方式	学生ID	学生姓名
数据库	佐藤	090-****-****	1	田中
数据库	佐藤	090-****-****	2	山田
数据库	佐藤	090-****-****	3	齐藤
编程	铃木	080-****-****	2	山田
编程	铃木	080-****-****	4	远藤

课程名称	学生ID
数据库	1
数据库	2
数据库	3
编程	2
编程	4

课程名称	教师姓名	教师的联系方式
数据库	佐藤	090-****-****
编程	铃木	080-****-****

学生ID	学生姓名
1	田中
2	山田
3	齐藤
4	远藤

将可以识别一条记录的列与从属于该列的信息分开保存在不同的表中

知识点

- 第二范式是对第一范式中识别唯一记录的元素相关的数据进行分离后的结果。
- 使用第二范式可以分别管理不同类型的数据，且易于登记和编辑数据。

» 拆分处于从属关系中的项目

防止不一致的第三范式

在5-12小节中，将可以识别一行的列和依赖于该行的列分离到了另一张表中。在将数据转换成**第三范式**时，需要进一步将其他具有依赖关系的列分离到另一张表中。

与第二范式的处理相同，第三范式也**可以通过消除依赖关系的方式，防止相同数据登记在多条记录中。这样一来，以后在编辑信息时，只要修改一个值，与之对应的数据就都会随之发生改变**。因此，可以防止数据出现不一致的情况。

第三范式的示例

在5-12小节的第二范式的表中，已经对数据进行了相当多的整理。接下来，还需要继续查找是否存在可以分离的表。从课程表来看，其中存在一种从属关系，在确定教师姓名的值时，也确定了教师的联系方式。因此，可以将这两个项目分成不同的表（图5-23）。

这样一来，就可以单独管理教师的信息。例如，当需要更改某位教师的联系方式时，即使该教师负责多门课程，也只需要编辑相应的记录。

规范化的补充

在转换成了第三范式的图5-23 中，如果存在姓名相同的教师，教师表中会保存多个教师姓名为相同值的记录，这就会导致无法对他们进行区分。因此，需要创建一个新的教师ID 列，并在课程表中设置一个教师ID 列与其关联，而不是与课程表中的教师姓名关联，这样就可以防止发生上述问题。以同样的方式在课程表中设置课程ID，就可以得到如图5-24所示的结果。

图5-23 第三范式的示例

从属关系

课程名称	学生ID
数据库	1
数据库	2
数据库	3
编程	2
编程	4

课程名称	教师姓名	教师的联系方式
数据库	佐藤	090-****-****
编程	铃木	080-****-****

学生ID	学生姓名
1	田中
2	山田
3	齐藤
4	远藤

↓

课程名称	学生ID
数据库	1
数据库	2
数据库	3
编程	2
编程	4

课程名称	教师姓名
数据库	佐藤
编程	铃木

教师姓名	教师的联系方式
佐藤	090-****-****
铃木	080-****-****

学生ID	学生姓名
1	田中
2	山田
3	齐藤
4	远藤

进一步将从属关系的信息分别保存在不同的表中

图5-24 在各表中设置ID 的示例

课程ID	学生ID
1	1
1	2
1	3
2	2
2	4

课程ID	课程名称	教师ID
1	数据库	1
2	编程	2

教师ID	教师名称	教师的联系方式
1	佐藤	090-****-****
2	铃木	080-****-****

学生ID	学生名称
1	田中
2	山田
3	齐藤
4	远藤

添加ID列，以区别于其他名称相同的记录

知识点

- 第三范式是进一步从第二范式中分离了从属关系的数据。
- 将数据转换成第三范式，可以消除从属关系，防止发生数据不一致的问题。

» 确定分配给列的设置

确定列的数据类型、约束条件和属性

当确定了需要保存数据的列之后，接下来就需要确定要分配给每个列的数据类型、约束条件和属性。

首先，关于数据类型，要根据需要在每列中保存的值的格式，设置**数值类型**、**字符串类型**、**日期类型**等数据类型。

此外，关于约束条件和属性，则需要根据是否输入默认值、是否允许空数据、是否允许输入与其他记录重复的值、是否自动保存连续的数字、是否设置主键和外键等具体的条件来确定为列分配什么样的设置（数据类型和约束的种类请参考第4 章的内容）。

为列分配设置的示例

图5-25 所示是为列分配设置的示例。

首先，将每张表中的课程ID、教师ID 和学生ID 作为主键，并通过自动分配连续数字的方式，将它们变成只具有唯一记录的列。

然后，对于课程名称、教师姓名和学生姓名的列，添加了不允许保存空白符的设置，以避免保存空的数据。

与其他表中的值关联的列则作为外键，并将这种列设置为无法在其中保存不存在于引用表中的值。

此外，考虑到教师的联系方式罗列的是一串数字，因此将该列设置为数值类型。如果需要在其中插入连字符（-）进行保存，可以根据具体的情况设置为字符串类型。

课程ID	课程名称	教师ID
1	数据库	1
2	编程	2

教师ID	教师姓名	教师的联系方式
1	佐藤	090-****-****
2	铃木	080-****-****

学生ID	学生姓名
1	田中
2	山田
3	齐藤
4	远藤

课程ID	学生ID
1	1
1	2
1	3
2	2
2	4

图5-25 为列分配设置的示例

知识点

- 确定了所需的列之后，接着需要确定为每个列分配的数据类型、约束条件和属性。
- 对于数据类型，要根据需要保存的值的格式分配数值类型、字符串类型、日期类型等数据类型。
- 对于约束条件和属性，需要根据是否设置默认值、是否允许空数据和重复数据、是否指定连续的数字、是否设置主键和外键等进行设置。

确定表和列的名称

易于理解的表名和列名

在确定表和列的名称时，主流的做法是使用字母作为表和列的名称。如果使用中文创建表和列，在某些运行环境中可能将无法操作，也可能会发生错误，因此，**如果没有特殊的原因，使用字母会比较稳妥**。

除此之外，下面对设置表名和列名的**命名规则**和设置易于理解的名称的技巧进行了总结。下面的内容并非正确答案，请根据需要进行参考（图5-26）。

- 表名和列名仅使用半角字母和下划线。
- 不使用大写字母，全部统一使用小写字母，并且不在开头的字符中使用数字。
- 表名使用多种格式。
- 使用他人易于理解的名称（避免使用缩写等）。
- 需要与其他表中的主键进行关联的列，都统一成“表名（单数）_id”（如user_id、item_id等）格式。
- 明确列中保存了什么样的值，如BOOLEAN类型就是is_○○○，日期类型就是○○○_at等。
- 避免在列名中使用○○○_flag。例如，如果不是使用delete_flag，而是使用is_deleted，当它为true时，我们就会知道数据已被删除）。

避免同义词和同形(同音) 异义词

同义词是指虽然名称不同，但是含义相同的词。例如，item和product都可以用来表示商品，因此需要进行统一。统一之后就能够知道是相同类型的数据，因此不会造成混淆。

此外，虽然名称相同，但是含义不同的词被称为**同形(同音)异义词**。例如，当需要保存卖家和买家的数据时，如果都使用user这一名称，将会造成混淆，变得难以区分。在这种情况下，可以使用seller和buyer等名称进行区分（图5-27）。

图5-26 设置表名和列名的要点

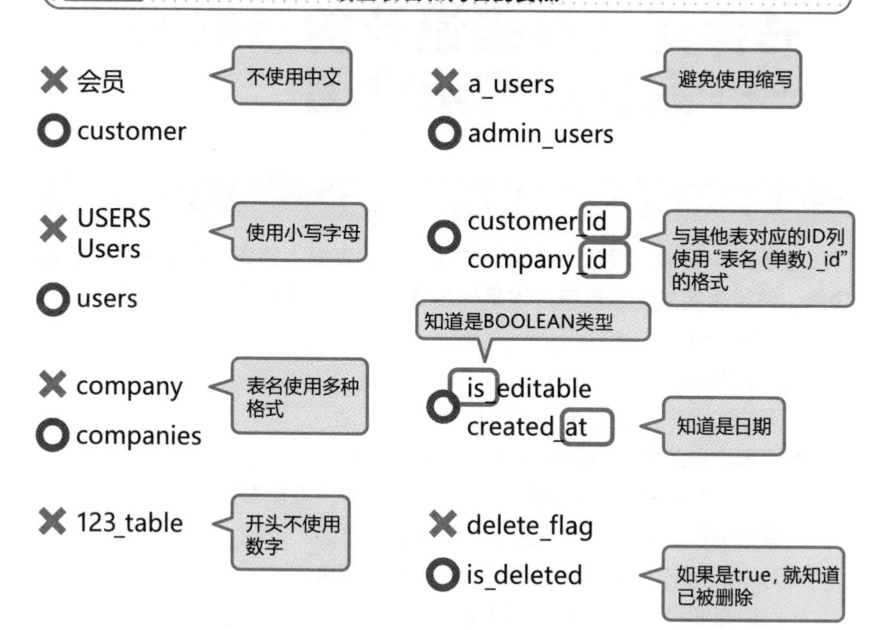

图5-27 同义词与同形(同音)异义词的含义

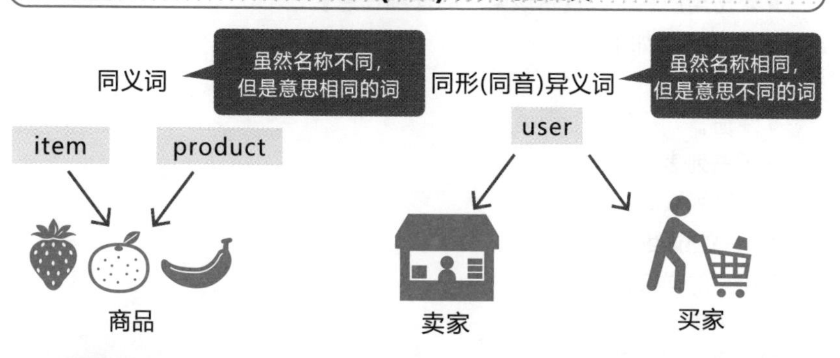

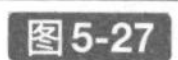

知识点

- 主流的做法是使用字母作为表和列的名称。
- 命名时，需要制定命名规则并统一格式。
- 需要设置易于理解的名称，当其他人看到时能够理解值的含义。

书评网站表格设计的示例①——完成后的示意图

思考书评网站需要具备的功能

接下来，将尝试设计一张用于书评网站的表格。**首先，需要整理必备的功能，并设想完成之后系统应该是什么样子的**。以下内容为**提取需求**的一个示例（图5-28）。

主要的功能如下：

- 网站的用户需要注册一个账号。
- 尚未注册的用户可以从注册页面进行注册。
- 可以在图书列表页面按照新书登记的顺序查看图书的书名。
- 单击书名可以进入图书的详情页面。
- 可以在图书的详情页面将图书添加到收藏夹。
- 可以在收藏列表页面查看收藏的图书。
- 可以在图书详情页面查看用户提交的评论。
- 用户可以添加新的评论。
- 单击用户名可以查看该用户的详细信息。

必备的页面如下：

- 登录。
- 注册。
- 图书列表。
- 收藏列表。
- 图书的详细信息和评论。
- 用户的详细信息。
- 发表评论。

详细的规格如下：

- 图书和评论列表分别按照新登记和新发表的顺序显示。
- 注册会员时需要输入用户名、密码和个人简介。

图5-28 书评网站的概要

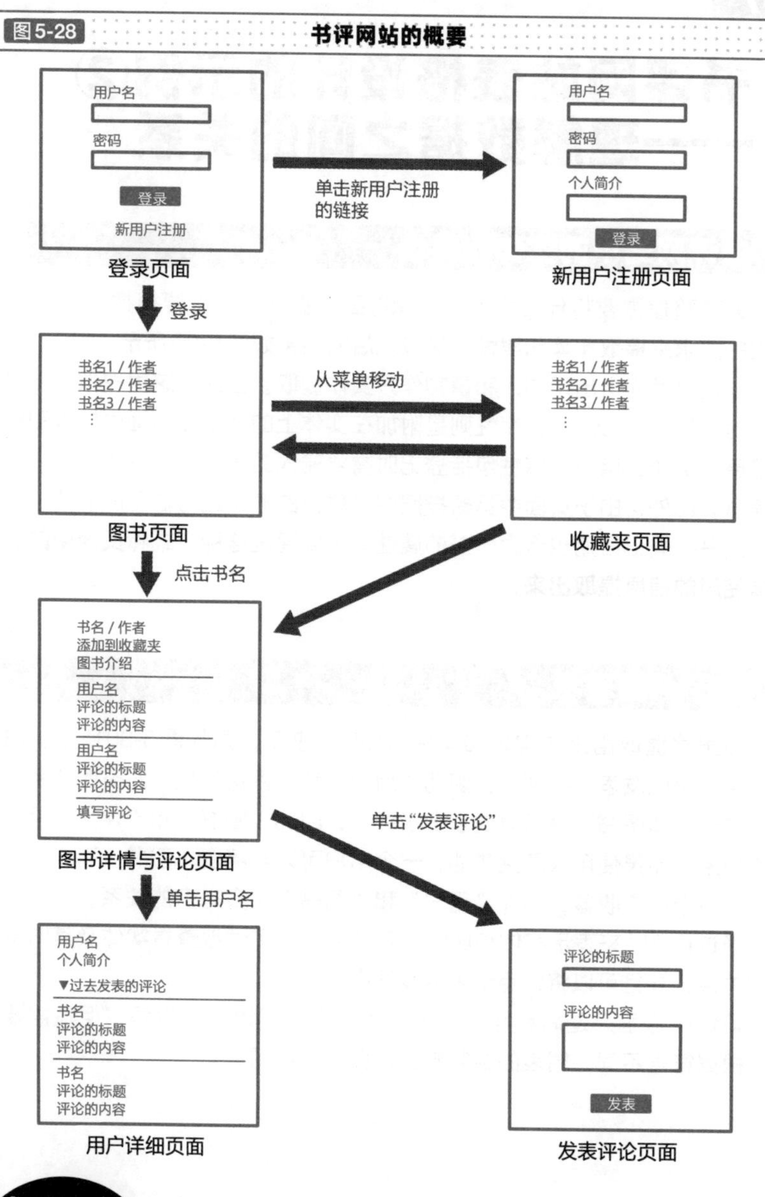

知识点

- 在设计数据库时，首先需要使用文字或图表来整理需要具备哪些功能。
- 需要确保即使其他人看到也能想象得到页面的样子。

书评网站表格设计的示例②——理解数据之间的关系

书评网站中的实体和属性

为了整理需要将什么样的数据保存到数据库中，需要根据5-16小节中确定的需求来**提取实体和属性**。提取之后的结果如图5-29所示。

需要将页面上出现的人和事物作为实体提取。因此，这里提取的是“用户”“图书”和“评论”。属性则是附加在实体上的需要在页面中输入和输出的信息。例如，用户的属性包括登记时需要输入的用户名、密码和个人简介等信息。此外，由于页面中具备按照图书登记的顺序进行显示的功能，因此要将图书的登记日期也作为图书的属性。可以通过这种方式将**页面中的功能所需使用的信息提取出来**。

用E-R图表示

如果将提取出来的实体和属性用E-R图表示，则如图5-30所示。由于一个用户可以发表多条评论，因此“用户”和“评论”是一对多的关系。此外，由于一本图书下面可以发表多条评论，因此“图书”和“评论”是一对多的关系。如果使用收藏夹功能，一个用户可以收藏多本图书，而一本图书可以被多个用户收藏，因此“用户”和“图书”是多对多的关系。

通过E-R图来表示实体和属性，就可以一目了然地查看实体及其附带属性的关系，并且可以将它用于表格设计中。

虽然在这里只是简单地使用了箭头对E-R 图进行了讲解，但是需要注意，根据符号不同，图表的绘制方式也会有所不同。

图5-29 提取实体和属性的结果

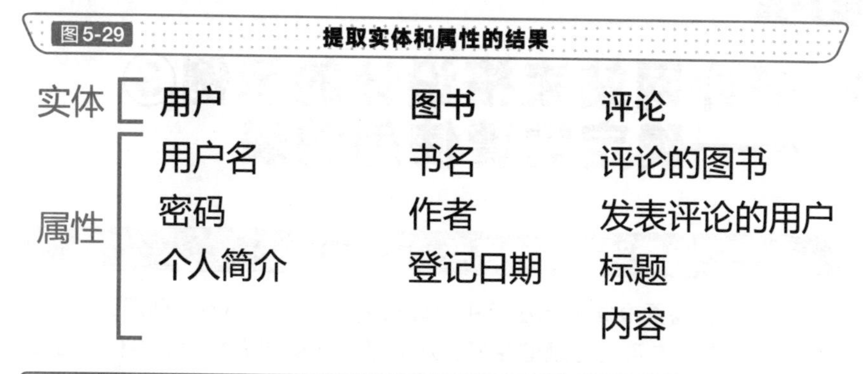

图5-30 使用E-R图表示的结果

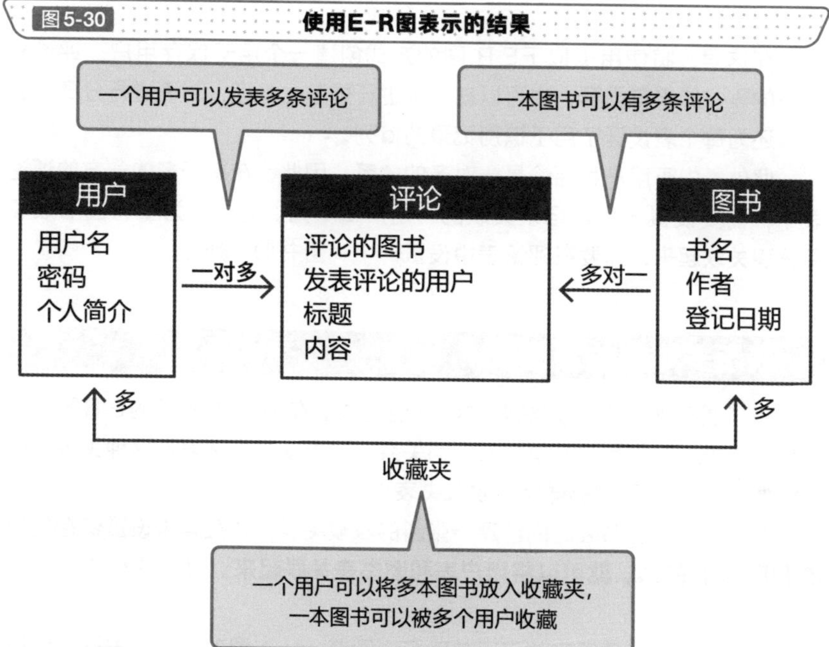

知识点

- 需要根据需求提取实体和属性。
- 需要将系统中出现的人和事物作为实体提取，并将实体附带的必备信息作为属性提取。
- 使用E-R图进行表示，可以一目了然地查看实体和属性的关系，并且可以将E-R图用于表格设计中。

书评网站表格设计的示例③ ——确定需要使用的表

基于E-R图对表进行思考

接下来，需要根据5-16小节中整理的需求和5-17小节中创建的E-R图（图5-30）中的内容进行**表的定义**，从而确定必备的表和列。具体过程如图5-31所示。

在这里，将使用类似于E-R 图的方式创建一个用于保存用户、评论和图书的表。如果有需要，也可以在这里进行规范化处理，对表进行分离。另外，还为每个表设计了用于识别记录的id列。

此外，由于用户和评论是一对多的关系，因此，在属于多的一方的评论表中，需要设置一个与记录关联的“用户ID”列。同样，为了将图书表和评论表关联起来，需要在评论表中设置一个“图书ID”列。

表示多对多关系的表

除了图5-30之外，还需要创建其他的表。在图5-30所示的E-R图的收藏夹功能中，用户和图书是多对多的关系。如果使用表来表示这种关系，就需要像图5-32所示的那样添加收藏夹表。

在用户表和图书表之间创建一张新的收藏夹表，并**在其中设置保存用户ID和图书ID的列，就可以将用户表和图书表关联起来**。具有这种作用的表被称为**中间表**。

这样一来，一个用户就可以关联多本图书，一本图书也可以关联多个用户，从而实现了多对多的关系。

图5-31 提取必备的表和列

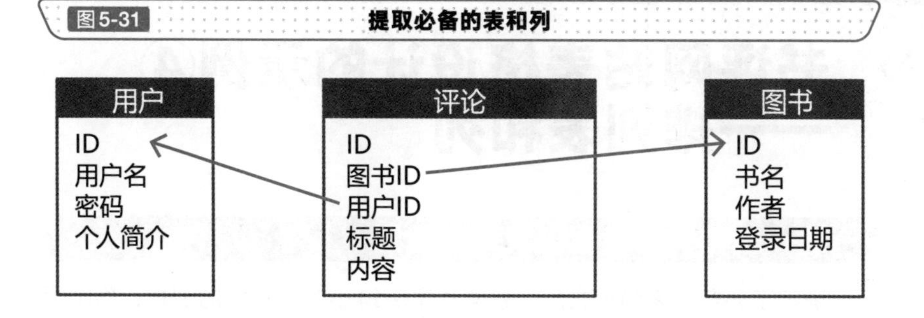

图5-32 使用不同的表来表示多对多关系的结果

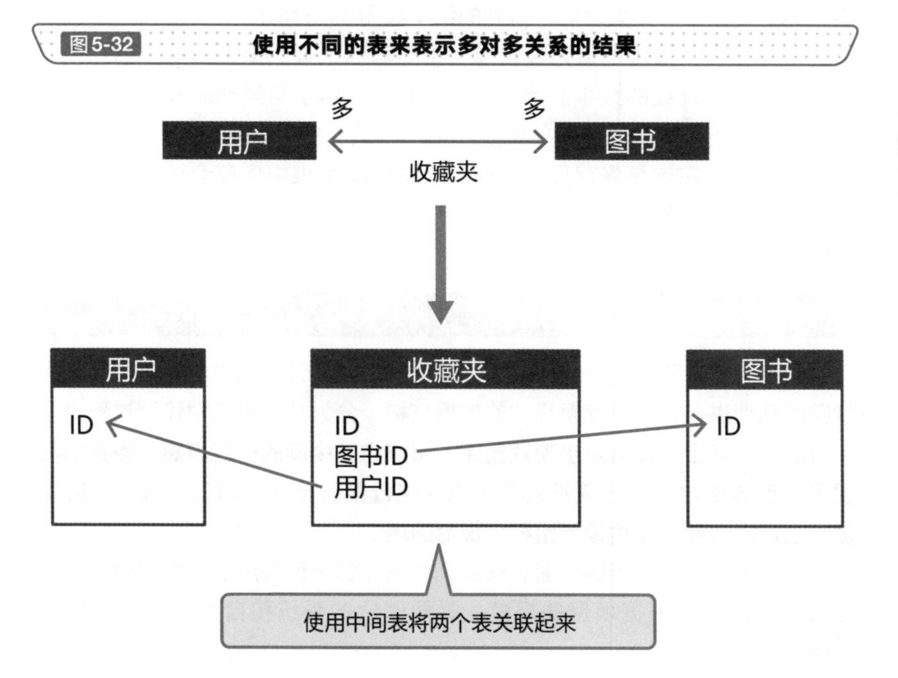

知识点

- 需要根据已经整理的需求和E-R图确定必备的表和列。
- 如果有需要，还可以对表进行规范化处理。
- 当需要表示多对多的关系时，可以使用中间表实现。

书评网站表格设计的示例④——排列表和列

统一表和列的设置以及命名规则

确定了必备的表和列之后，就需要像5-14小节中讲解的那样，**确定需要为列分配的数据类型、约束条件和属性**。像5-15小节中讲解的那样，对表和列的名称进行排列之后，得到的结果如图5-33所示。

将每张表中提供的id列设置成了不与其他记录的值重复的主键，使该列自动地分配连续的数字。此外，将那些保存用于与其他的表进行关联的ID的列，都统一成了“表名（单数）_id”形式，并将该列作为外键。另外，为了让大家明白这是保存日期的列，还将books 表中保存登记日期的列设置成了○○○_at形式。

活用数据库设计的知识

经过上述步骤，终于完成了书评网站的表格设计。在这里，为了让大家能够顺利地进行设计并理解高效的数据结构，分为几个步骤对设计过程进行了讲解。实际上，**如果是小型数据库，可以省略中间的一些步骤。当我们习惯了这种做法之后，即使不去下意识地执行第一范式、第二范式……的处理，也可以自然而然地设计出符合规范的表**。

本章中所讲解的步骤和图表只是表格设计的一种方法。当大家理解了基础知识，就可以根据项目的规模、需要创建的系统和自身的技能来设计表格。

图5-33 表定义的结果

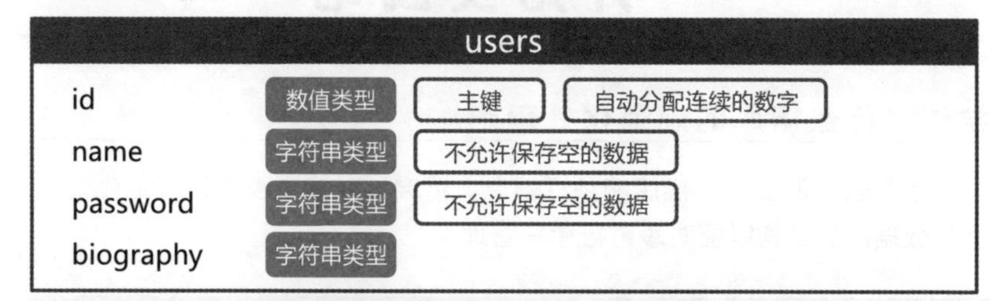

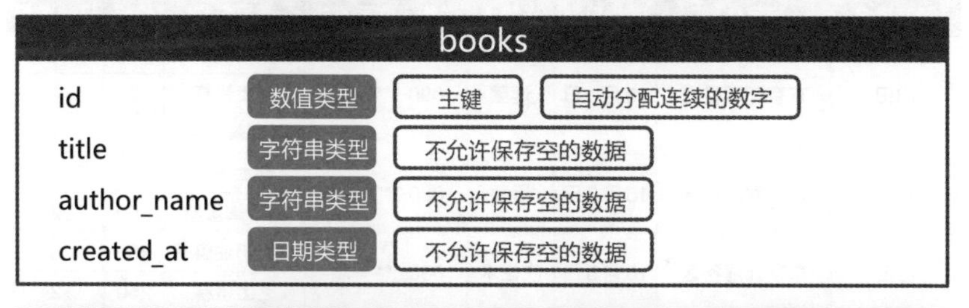

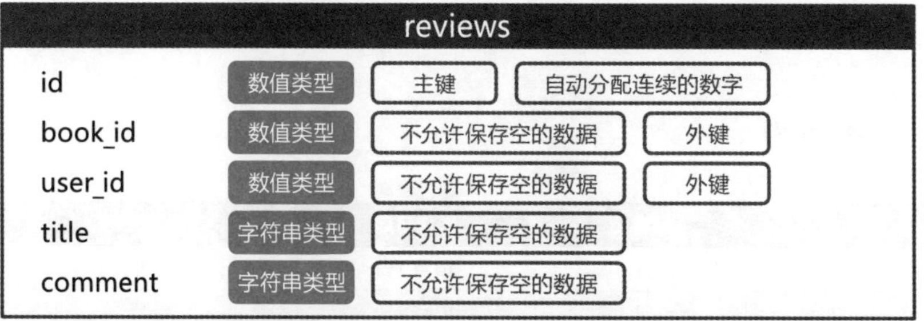

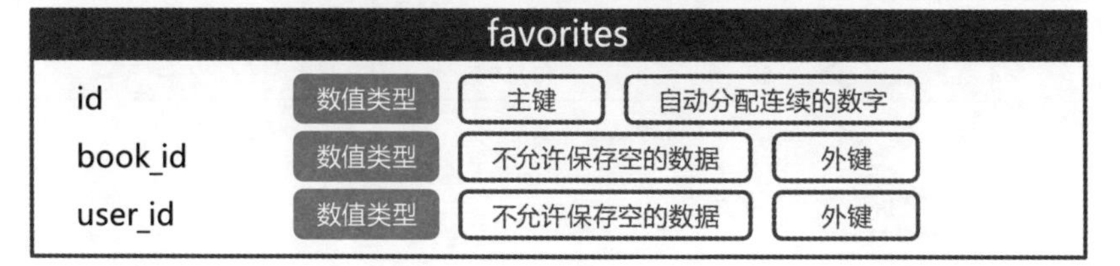

知识点

- 确定了必备的表和列之后，需要为列分配数据类型、约束条件和属性并整理名称。
- 可以根据项目的规模、需要创建的系统和自身的技能选择合适的设计方法。

开始实践吧

尝试进行数据库的规范化处理吧

下列表格汇总了蛋糕店的预订信息。请尝试对这张表进行规范化处理，修改数据库的结构以便对表进行单独管理。

顾客姓名	顾客住址	送货日期	送货人	送货人联系方式	商品名称	价格	订单数量
山田	东京都涩谷区	10月1日	远藤	090-****-****	水果奶油酥饼	200	2
					芝士蛋糕	250	1
					勃朗峰蛋糕	300	1
铃木	东京都新宿区	10月2日	远藤	090-****-****	芝士蛋糕	250	3
					勃朗峰蛋糕	300	2
山田	东京都涩谷区	10月5日	佐佐木	080-****-****	水果奶油酥饼	200	3
					芝士蛋糕	250	2
佐藤	东京都世田谷区	10月5日	佐佐木	080-****-****	芝士蛋糕	250	3

解答示例

订单表

id	顾客id	送货日期	送货人id
1	1	10月1日	1
2	2	10月2日	1
3	1	10月5日	2
4	3	10月5日	2

订购商品表

订单id	商品id	订单数量
1	1	2
1	2	1
1	3	1
2	2	3
2	3	2
3	1	3
3	2	2
4	2	3

顾客表

id	顾客姓名	顾客住址
1	山田	东京都涩谷区
2	铃木	东京都新宿区
3	佐藤	东京都世田谷区

商品表

id	商品名称	价格
1	水果奶油酥饼	200
2	芝士蛋糕	250
3	勃朗峰蛋糕	300

送货人表

id	送货人	送货人联系方式
1	远藤	090-****-****
2	佐佐木	080-****-****

第6章

运用数据库

——旨在安全运用

» 放置数据库的场所

是使用内部设备，还是使用外部系统

运行数据库的方法包括**内部部署**和使用**云服务**两种。

内部部署是一种**使用自己公司的设备运行数据库**的方法。需要公司内部准备服务器和线路来构建系统。在以前，这是主流的做法，大家都采用这种方式，但是由于后来云服务的出现，因此，开始使用内部部署一词来与云服务进行区分。

另外，云服务是一种**通过互联网使用外部数据库系统**的方法。它不需要像内部部署那样自己准备硬件设备，可以使用外部提供商提供的系统（图6-1）。

成本与安全方面的差异

如果选择使用内部部署的方式，就需要公司内部采购和运行设备。因此，必须自己挑选和购买设备、进行安装和调试以及排除故障，所有必要的工作都必须由公司内部完成，是一件非常耗时耗力的事情。此外，在引入系统时，还需要花费购买设备的成本、运行设备的电费和维护费用，因此具有成本较高的特点。不过，由于内部部署可以自定义系统，因此可以根据需求灵活地定制系统。此外，由于公司内部使用的系统无须与外部进行连接，因此具有安全性高的优点。

另外，由于云服务使用的是提供商提供的系统，因此可以最大限度地降低运用系统所需的劳动力和时间。此外，由于无须公司内部准备设备，只需按使用量付费，因此可以降低初始成本和运营成本。但是，需要考虑网络方面的安全性问题，以及云服务存在只能使用服务范围内的自定义服务等缺点（图6-2）。

图6-1 内部部署与云服务的含义

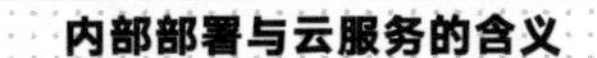

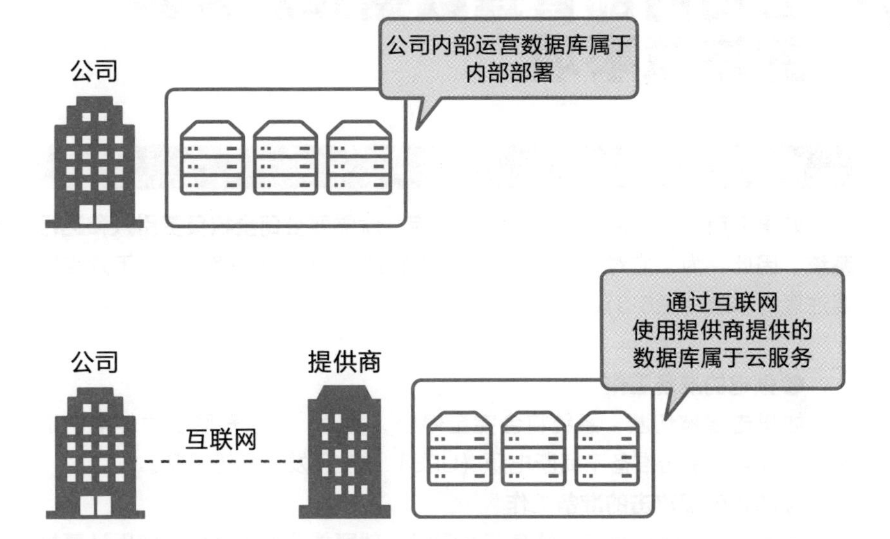

图6-2 内部部署与云服务的区别

项　目	内部部署	云　服　务
费用	由于需要花费设备成本、电力成本和维护成本，因此成本往往很高	成本因提供商而异，但是可能更加便宜
导入和运行所需要的劳动力和时间	全部都由公司内部完成	一部分工作可以委托给提供商
安全性	当仅在公司内部使用时，由于无须与外部连接，因此很安全	由于需要通过网络在线使用服务，因此风险较高
自定义的自由程度	可以根据需求进行自定义	只能使用提供商提供的服务

知识点

- 内部部署是一种使用公司内部的设备运行数据库的方法，云服务是一种通过互联网使用外部数据库系统的方法。
- 内部部署虽然需要花费部署和运营的成本，但是安全且自由，而云服务可以用最少的劳动力和成本引入和运行数据库。

» 公司内部管理数据库服务器的注意事项

内部部署的注意事项

如果采用内部部署的方式运行数据库，就需要**公司全权负责引入和运行系统**。因此，为了应对7-1小节中将要讲解的物理威胁，整理了以下几点需要注意的事项（图6-3）。

❶停电的准备工作

如果**电源**被切断，系统将会完全停止。因此，为了预防发生停电的情况，需要考虑是否准备不间断电源（UPS）或应急发电机等设备。

❷防止外部攻击的准备工作

当使用的操作系统和软件存在漏洞时，就可能会发生被他人使用**计算机病毒**进行非法访问和攻击的情况。因此，需要考虑是否经常进行程序的更新和打补丁修正以及引入杀毒软件等操作。

❸估算成本

由于采用内部部署的方式需要公司内部自行引入和运行系统，因此**成本**是多方面因素产生的。例如，服务器和软件以及许可的成本、雇用工程师运维系统的成本、采取安全措施的成本、电力成本、设备发生故障时的修理成本和设备换新的成本，这些都需要预先进行整理和估算。

图6-3 内部部署的风险与对策示例

停电导致系统停止运行

采取应急供电措施

来自外部的非法攻击

运用最新的程序和打补丁

多方面的成本

提前整理成本

知识点

- 由于内部部署需要公司内部负责引入和运行系统，因此需要综合考虑多方存在的风险，并采取相应的措施。
- 在运行系统时可能存在的风险包括停电、自然灾害、外部攻击、盗窃等。

数据库运行成本

初始成本与运行成本

数据库需要花费的成本大致可以分为**初始成本**和**运行成本**（图6-4）。

初始成本是指初期费用，是**引入数据库时需要花费的费用**，包括购买设备的费用以及在使用商业数据库和云服务时最初需要支付的费用。

运行成本是指引入数据库之后**每个月需要花费的费用**。如果是内部部署，就是指电费等；如果是商业数据库和云服务，就是指每月需要向提供商支付的使用费和人工维护费等。

如果仅仅因为初始成本低的理由就草率地决定数据库的种类和运行方式，可能会出现之后的运行成本增加，结果最后的成本比预期更高的情况，因此需要注意。

不同数据库成本的示例

数据库的成本因运用方法和种类而异，无法一概而论。因此，接下来将对一些常见的成本示例进行讲解（图6-5）。

- **内部部署的场合**

  初始成本包括购买服务器和机架等设备的成本，运行成本则包括电费和人工成本。除此之外，还可能包括用于安全措施和排除故障的成本。

- **使用云服务的场合**

  除了需要支付初期费用和每月固定使用费的服务之外，还包括按时支付费用的按需付费服务。

- **使用商业数据库的场合**

  大多数情况下需要支付许可费用和支持费用。不过，根据数据库的规模、用户数和选项不同，价格和计费周期有所不同。

图6-4 **初始成本与运行成本**

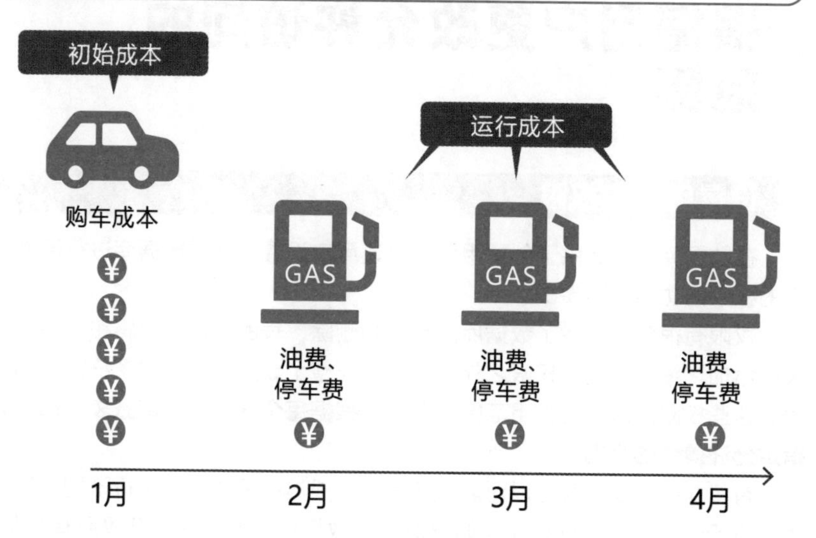

图6-5 **数据库成本的示例**

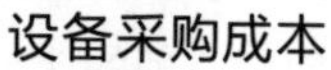

知识点

- 初始成本是首次引入数据库时需要花费的成本，定价成本则是引入数据库之后每月需要花费的成本。
- 需要注意的是，如果仅以初始成本作为判断标准，则后期可能会因运行成本的增加而需要支付高昂的费用。

» 根据用户更改允许访问的范围

设置用户和权限

在数据库中，提供了创建**用户**并为该用户设置允许对数据库进行哪些操作的**权限**的功能（图6-6）。

权限有很多种，除了数据库的创建和删除，表的创建、编辑和删除，记录的添加、编辑和删除权限之外，还包括与整个数据库相关的系统操作的权限。这些权限可以限定使用范围。例如，**根据每个数据库、每张表、每个列指定允许操作的范围**。

有了权限功能，就可以对涉及数据库的成员的操作范围进行限制，防止他们进行一些不必要的操作。如果对涉及数据库的全体成员开放所有权限，任何人都可以进行任意操作，不熟悉内容的成员就可能会意外地删除重要的数据，也可能会存在敏感数据被他人窥视的风险。因此，适当设置权限，有利于安全地进行数据库管理。

设置权限的示例

例如，在图6-7中，对一个由店长、店员、临时工等用户管理的店铺数据库设置了权限。该示例中，店长可以执行所有操作，店员无法在表中添加记录，并且没有操作员工一览表的权限。临时工则只能浏览商品表和购买记录表中的信息。

像这样限制权限之后，**禁止每个用户执行与自己的工作无关的操作**，就可以防止意外情况的发生。

图6-6 为每个用户设置权限

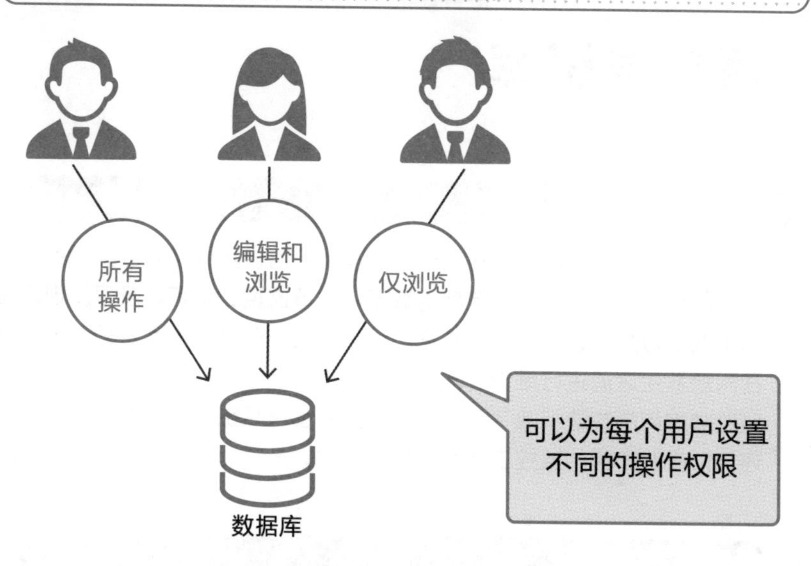

图6-7 店铺数据库中权限设置的示例

	店 长	店 员	临时工
商品表	添加、编辑、浏览	编辑、浏览	浏览
购买记录表	添加、编辑、浏览	编辑、浏览	浏览
销售额汇总表	添加、编辑、浏览	编辑、浏览	—
员工一览表	添加、编辑、浏览	—	—

知识点

- 可以为每个用户分配数据库的使用权限。
- 禁止每个用户执行非必要的操作，可以有效防止意外情况的发生。

» 监控数据库

监控数据库

当数据库发生异常或者停止工作时，需要使用该数据库才能实现的业务和服务将不得不停止。因此，**定期对数据库进行监控，就可以及早发现问题并迅速采取应对措施**。此外，对数据库进行监控，还可以及早发现故障的征兆，在问题发生之前进行维护（图6-8）。

监控数据库的方法，除了可以使用数据库管理系统中标准配备的功能之外，还可以安装市售的监控工具或者自行创建。

各种监控对象

下面列举了一些数据库监控对象的示例（图6-9）。

- **操作数据库的历史**
  数据库的管理员需要对何时执行了哪些操作进行记录。这样一来，当出现问题时，就可以及时进行内部确认，查看是否对数据库执行了非法的操作。
- **查询日志**
  日志是指数据库执行的SQL语句的历史记录。将日志保存起来，可以在之后将其用于故障的排除。有些数据库管理系统还提供了输出执行时间较长的SQL语句的慢日志，以及输出已发生错误的错误日志。
- **服务器的资源**
  数据库所在的服务器也可能会出现问题。因此，需要定期查看CPU、内存、网络带宽和可用磁盘空间等资源是否存在异常情况。

图6-8 数据库的监控

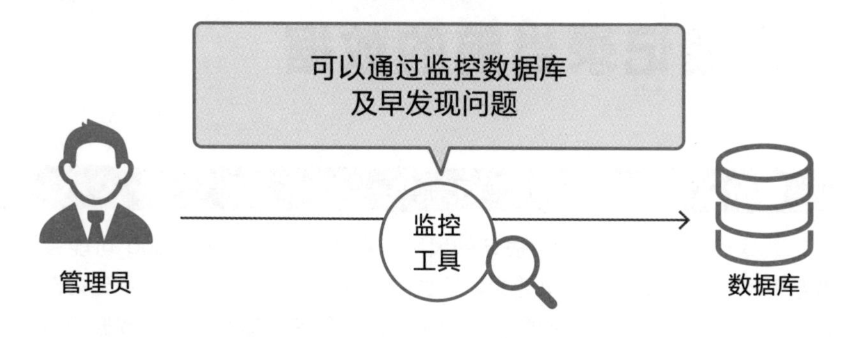

图6-9 数据库监控对象的示例

操作数据库的历史记录

 A先生更改了○○的设置

 B女士连接了数据库

 B女士重启了数据库

 C先生获取了数据库的备份数据

查询日志

```
SELECT * FROM items WHERE status = 2;
UPDATE items SET price = 300 WHERE id = 5;
SELECT COUNT(*) FROM users;
SELECT * FROM users WHERE status = 1;
```

数据库

服务器的资源

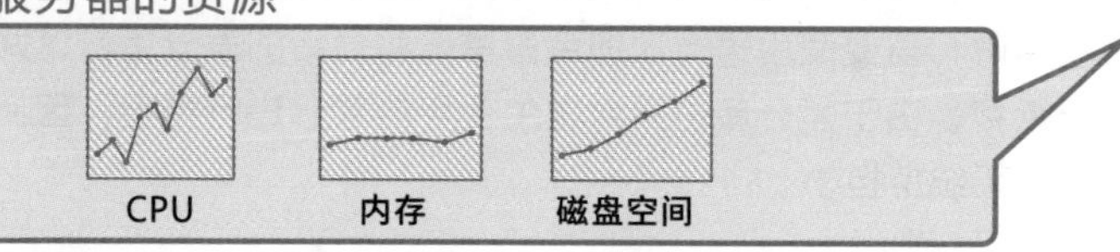

知识点

- ✐对数据库进行监控，可以及早发现故障，并迅速采取应对措施。
- ✐可以使用标准配备的功能或者市售的监控工具对数据库进行监控。

» 定期记录当前的数据

备份以防数据损坏

数据库始终面临着数据损坏的风险。例如，操作的逻辑bug 可能会导致数据不一致，操作失误可能会导致数据丢失。此外，如果设备受到物理损坏，则可能无法恢复内部的数据。为了避免遇到这类情况而复制数据的做法被称为**备份**。如果有了备份，即使数据遭到损坏，也可以从**备份文件中恢复数据**（图6-10）。

备份方式的分类

备份包括下列几种方式（图6-11）。

- **全量备份**
  全量备份是一种**对所有数据进行备份的方法**，经过备份之后，可以完全恢复该时间点的数据。但是，获取大量的数据时需要花费相应的处理时间，并且会给系统带来负担，因此全量备份不适合用于需要经常进行备份的场合。
- **差分备份**
  差分备份是一种在进行全量备份之后**仅对更改内容进行备份**的方法。在恢复数据时，需要使用第一次的全量备份和最新的差分备份这两个文件进行恢复。由于差分备份只对发生变更的部分进行备份，因此处理时间短，系统负担小。
- **增量备份**
  增量备份是一种类似于在全量备份之后仅对变化部分进行备份的差分备份的方法，它只在**进一步需要进行备份时，对前一次备份之后更改的部分进行备份**。虽然系统负担更小，但是由于在恢复数据时需要使用在此之前的所有备份文件，因此即使只缺失了一个文件，也将无法恢复数据。

图6-10 备份的作用

备份
数据库
数据的副本
数据损坏的场合
恢复数据
数据库
数据的副本

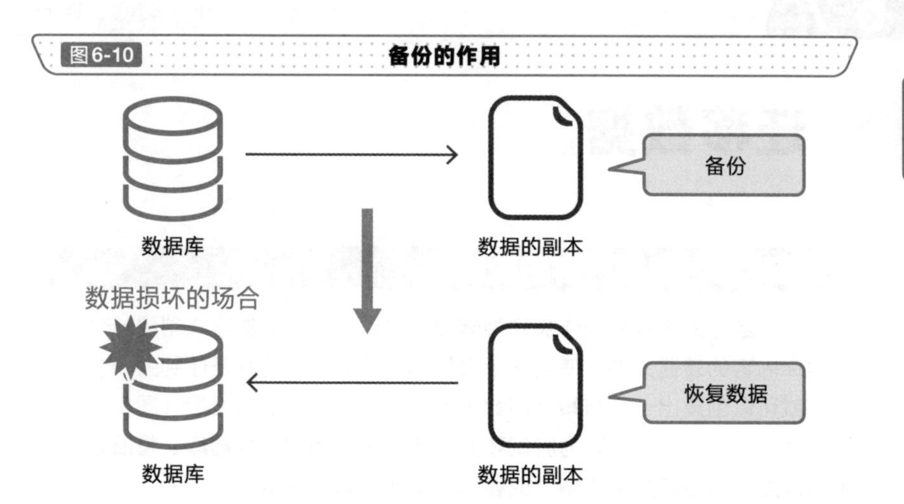

图6-11 备份方式的分类

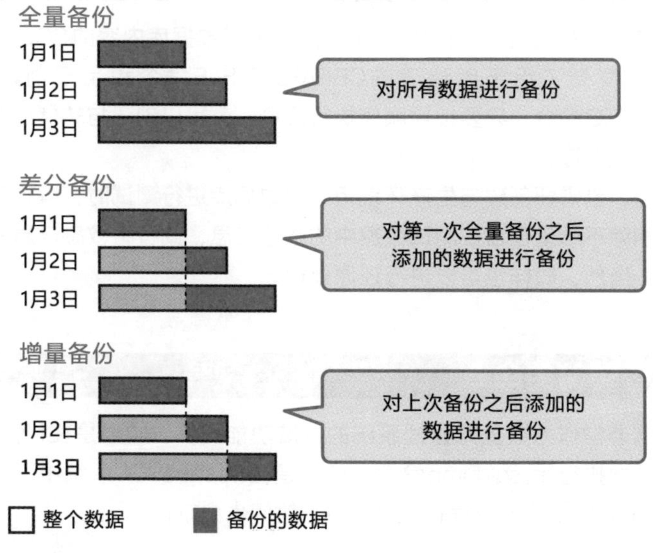

全量备份
1月1日
1月2日
1月3日
对所有数据进行备份
差分备份
1月1日
1月2日
1月3日
对第一次全量备份之后添加的数据进行备份
增量备份
1月1日
1月2日
1月3日
对上次备份之后添加的数据进行备份
整个数据
备份的数据

知识点

- 为了防止数据损坏而创建数据的副本的做法被称为备份。
- 备份方式包括全量备份、差分备份和增量备份。

迁移数据

创建包含相同内容的数据库

输出数据库内容的操作被称为**转储**。可以通过转储的方式创建一个反映数据库内容的转储文件。使用这个文件执行**还原**处理将其还原到另一个数据库，就可以创建出一个与转储的数据库内容完全相同的数据库（图6-12）。

使用这种功能，可以**为测试和开发环境创建相同的数据库、将旧数据库中的数据迁移到新数据库中，或者将数据作为备份保留**。

转储文件的内容

转储文件的内容是如图6-13所示的反映了数据库内容的SQL 列表。例如，其中罗列了用于创建表的CREATE TABLE命令和用于创建记录的INSERT INTO命令。只要按照顺序执行命令，就可以创建与转储的数据库内容相同的数据库。

例如，当需要创建与生产环境相同的数据库进行测试时，编辑转储文件就可以删除不希望包含在测试数据中的敏感信息，或者将敏感信息替换成其他信息，当然，同样也可以进行还原处理。

执行转储的命令

转储通常作为数据库管理系统的标准功能提供。如果是在MySQL系统中，就需要执行mysqldump命令。如果是在PostgreSQL系统中，则需要执行pg_dump命令。当数据较多时，执行时间也会较长。

图6-12 使用转储和还原功能创建包含相同内容的数据库

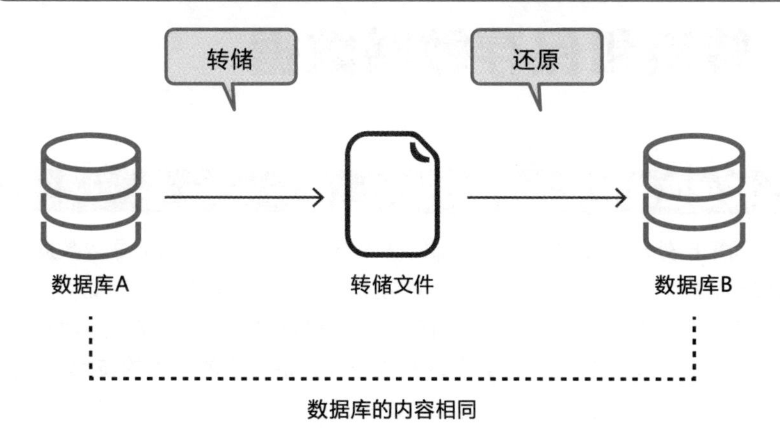

图6-13 转储文件的示例

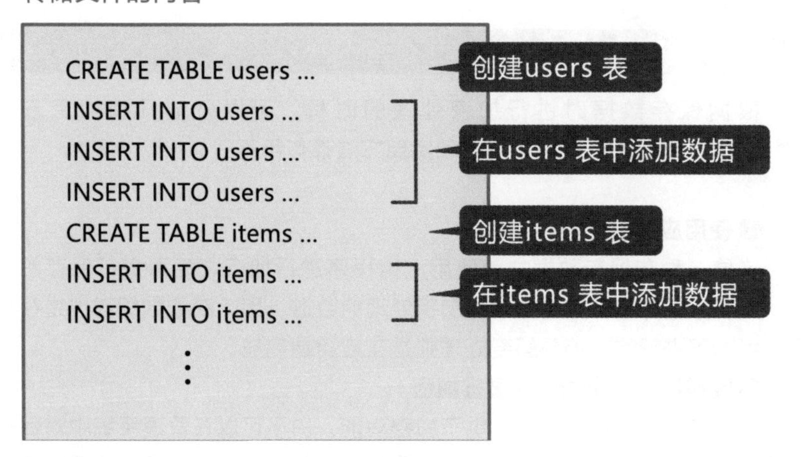

知识点

- 将数据库的内容输出到文件的操作被称为转储，从转储文件恢复数据的操作则被称为还原。
- 可以将转储文件用于创建相同的数据库、迁移数据和备份数据。

》 转换和保存敏感数据

防止信息泄露的加密处理

因来自外部的非法访问、内部的非法行为、盗窃和丢失而导致数据库中的敏感信息泄露的事件层出不穷，时常成为人们议论的话题。因此，需要采取相应的预防措施。对数据库的信息进行**加密**处理，就是预防信息泄露的必要措施之一。**加密是一种将数据转换成他人无法读懂的信息的技术。**例如，如果对“东京都涩谷区”这一地址数据进行加密，将它直接转换成表面不知何意的数据之后再进行保存，即使被他人从外部查看，也无法读懂其中的内容（图6-14）。通过特别的处理对经过加密的数据进行还原的过程则被称为**解密**。

各种加密方法

根据保存数据时进行加密处理的时机，可以分成几种加密方法（图6-15）。每种加密的对策范围和实现方法都有所不同。

❶使用应用程序进行加密

这是一种在保存数据之前使用应用程序进行加密之后再进行保存的方法。由于数据库中保存的是经过加密处理的数据，因此获取数据时也是在加密的状态下进行的。但是解密处理则是在应用端完成。

❷使用数据库中的功能进行加密

很多数据库管理系统都提供了加密功能。由于可以在管理系统中对保存和获取数据进行加密和解密处理，因此无须在应用端进行加密，使用起来非常方便。

❸使用存储设备进行加密

这是一种使用保存数据的存储设备和操作系统的功能进行加密的方法。在存储设备中保存数据时会自动进行加密处理。

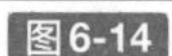

加密与解密

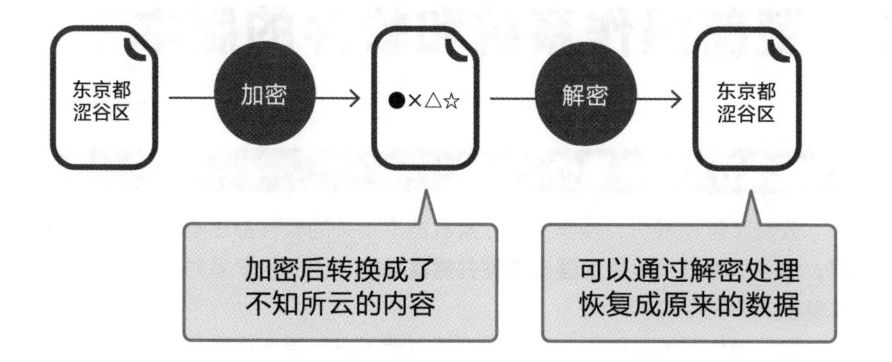

图6-15 **三种加密的方法**

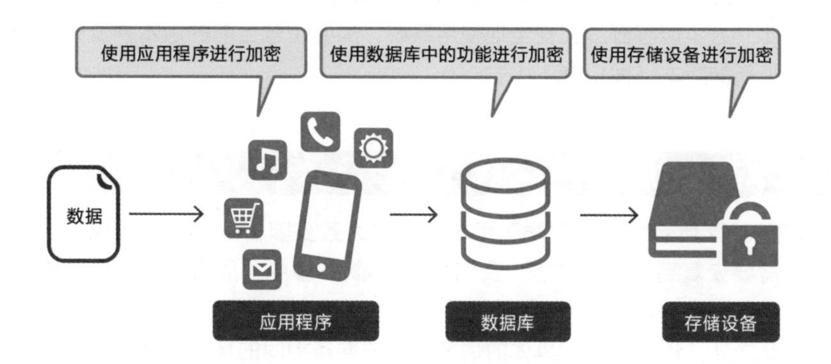

知识点

- 将某些数据转换成他人无法读懂的信息的过程被称为加密，对经过加密的数据进行还原的过程则被称为解密。
- 数据库的加密方法包括使用应用程序进行加密、使用数据库中的功能进行加密和使用存储设备进行加密。

》更新操作系统和软件的版本

版本升级的必要性

数据库管理系统、操作系统以及数据库相关的软件都在不断地改进和发展。由于**版本升级**有望**加强安全性并提高性能**，因此，很多时候其中包含了非常重要的更新内容。

如果操作系统和软件一直沿用旧版本而不进行更新操作，则可能无法使用最新的功能，或者无法与其他软件相互兼容，也可能因无法得到全面的支持而导致出现故障时应对起来非常棘手。此外，如果因设备老旧导致无法满足当前系统的需求，则可能需要更换引入了数据库的服务器。

因此，为了能够舒适且安全地使用系统，需要留意目前的版本并及时地更新到最新的版本（图6-16）。

版本升级的流程

如图6-17所示，其中列举了版本升级的大致步骤。以防版本升级后出现问题需要恢复到原来的状态，我们预先在❶和❷中对原有的环境信息和数据进行了记录。

除此之外，还需要根据具体的情况，预先准备相同的环境，确认版本升级的步骤和版本升级后是否能够正常运行，来确保能够正常地使用系统。

此外，在版本升级后检查运行状况时，需要注意执行的SQL 是否会出现错误、SQL 的处理时间是否较长、日志和服务器资源是否有问题。

图6-16 升级到最新版本

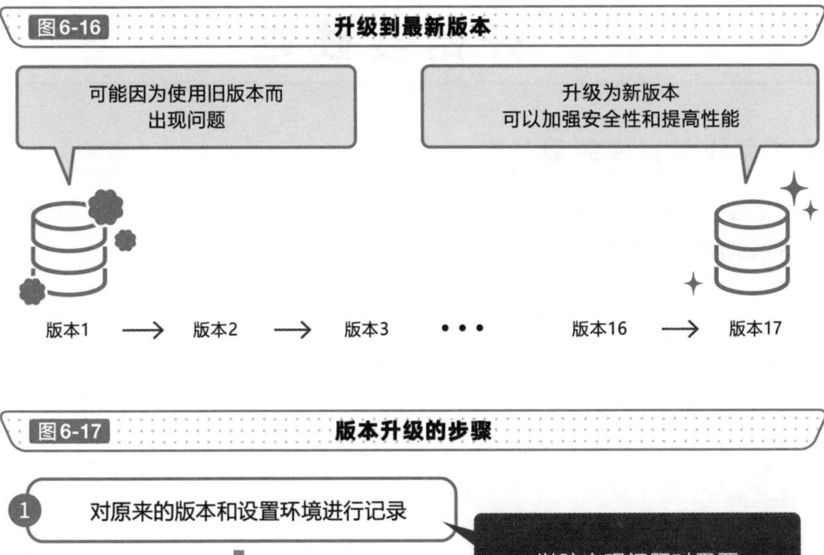

图6-17 版本升级的步骤

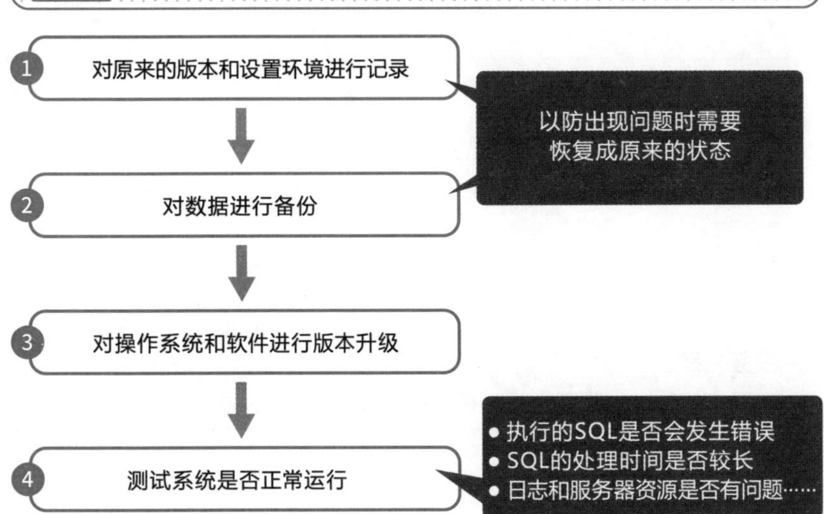

知识点

- 由于有望通过更新系统加强安全性和提高性能，因此需要定期对数据库管理系统和操作系统进行版本升级。
- 在进行版本升级时，以防出现问题，需要备份数据和检查运行情况。

开始实践吧

尝试寻找数据库的服务吧

请尝试找出在运行数据库时通常可以使用的服务的类型。请确认每种服务提供的数据库的种类、收费方式，以及提供了什么样的功能。

服务名称：

数据库的种类、收费方式、提供的功能：

-
-

服务名称：

数据库的种类、收费方式、提供的功能：

-
-

服务名称：

数据库的种类、收费方式、提供的功能：

-
-

用于运营数据库的服务有很多种，每种服务提供的数据库管理系统也多种多样。此外，计费方式也包括按月计费和按量计费。因此，可以根据具体情况选择合适的服务来降低成本。此外，某些数据库管理系统还提供了备份和监控等安全相关的功能。因此，在挑选服务时，数据库相关的功能也是必须要考虑的因素之一。

第7章

用于保护数据库的基础知识

——故障恢复与安全措施

对系统产生恶劣影响的问题①——物理威胁示例与对策

导致物理设备故障的风险

物理威胁是导致系统出现问题的原因之一。物理威胁是指在物理层面造成损失的因素。

具体是指6-2小节中讲解的**地震、洪水、雷击等自然灾害以及非法入侵盗窃和毁坏设备的风险，还有设备因老化而出现故障的风险**，这些都被归类为物理威胁（图7-1）。

物理威胁的示例

接下来，将对几个物理威胁的示例进行讲解（图7-2）。

❶自然灾害

在使用数据库时，可能会存在因地震和洪水导致设备倒塌或淹没的风险。此外，也可能存在因雷击导致停电从而发生问题的风险。因此，需要采取防震措施以防设备倾倒和坠落，需要进行应急用的远程备份以防数据损坏，需要加装UPS和专用发电机以防短期停电和突然停电。

❷盗窃

由于存在非法入侵盗窃和毁坏设备的风险，因此需要为放置设备的房间和机架上锁，或者实施出入门禁管理等防范措施。

❸设备的老化

那些使用多年的设备存在因老化而出现故障的可能。

因此，为了防止设备突然出现故障，需要对数据进行备份，或者安装备用设备以冗余方式运行。

图7-1 何谓物理威胁

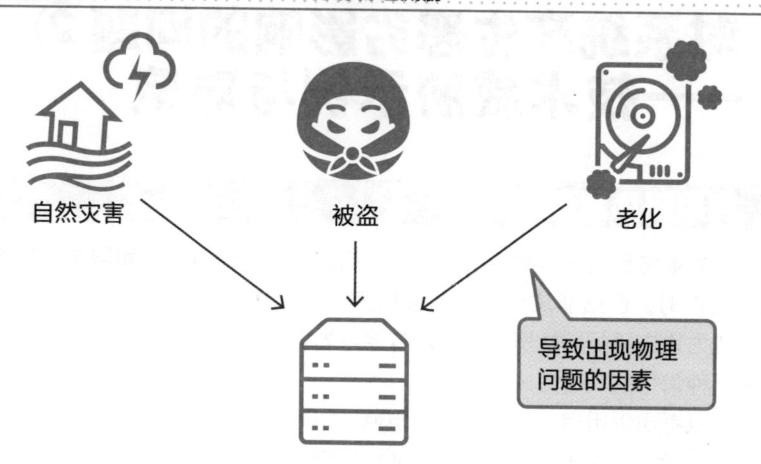

图7-2 物理威胁的示例与对策

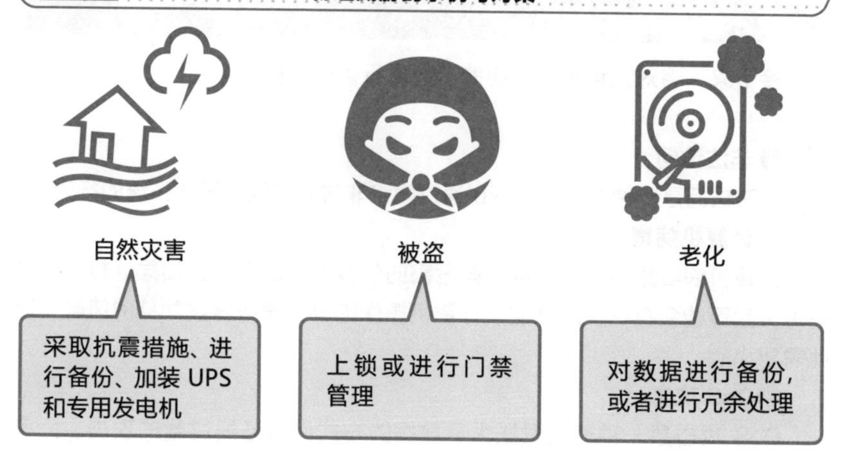

知识点

- 造成物理损失的因素被称为物理威胁。
- 物理威胁的示例包括因自然灾害导致设备损坏或出现故障、因非法入侵导致设备被盗、因设备老化导致出现故障等。

对系统产生恶劣影响的问题②——技术威胁示例与对策

利用程序漏洞的攻击

技术威胁是指在导致系统出现问题的因素中，**通过程序和网络进行的攻击**（图7-3），包括非法访问、计算机病毒、DoS 攻击和窥视等。因程序漏洞而成为攻击目标的情况较多。以数据库为例，SQL 注入（参考7-10小节）就是一种常用的攻击方式。

可以考虑采用相应的措施进行防范，如导入杀毒软件、升级操作系统和软件、设置访问权限、进行身份认证和加密数据等措施。

技术威胁的示例

接下来，将对几种技术威胁的示例进行讲解（图7-4）。

❶非法访问

非法访问是一种他人未经授权通过网络非法入侵服务器和系统的行为。

❷计算机病毒

计算机病毒是指能够造成一些危害的带有恶意的程序。如果计算机沾染病毒，就可能会存在信息被盗、计算机操作错误、服务器被劫持的风险，因此需要小心。

❸DoS 攻击

DoS 攻击是一种通过发送大量数据的方式使服务器过载的攻击。大家都知道，在访问量较为集中时，可能会导致无法连接网站。DoS 攻击就是一种通过故意制造这种情况来实施攻击的方法。

❹窥视

窥视是指非法窃取流经网络的信息的行为，可能会导致信息泄露。

图7-3 何调技术威胁

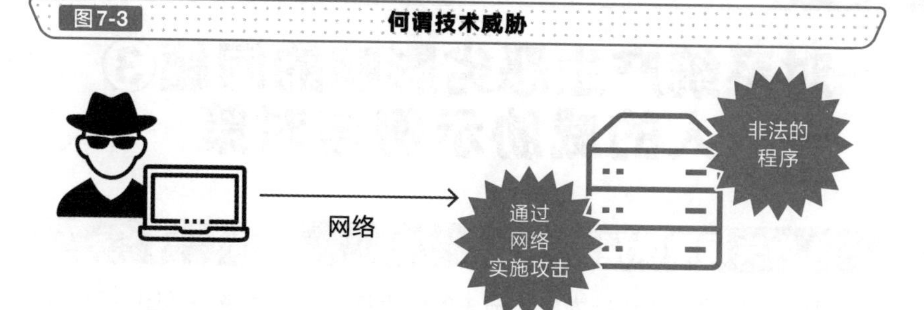

图7-4 技术威胁的示例

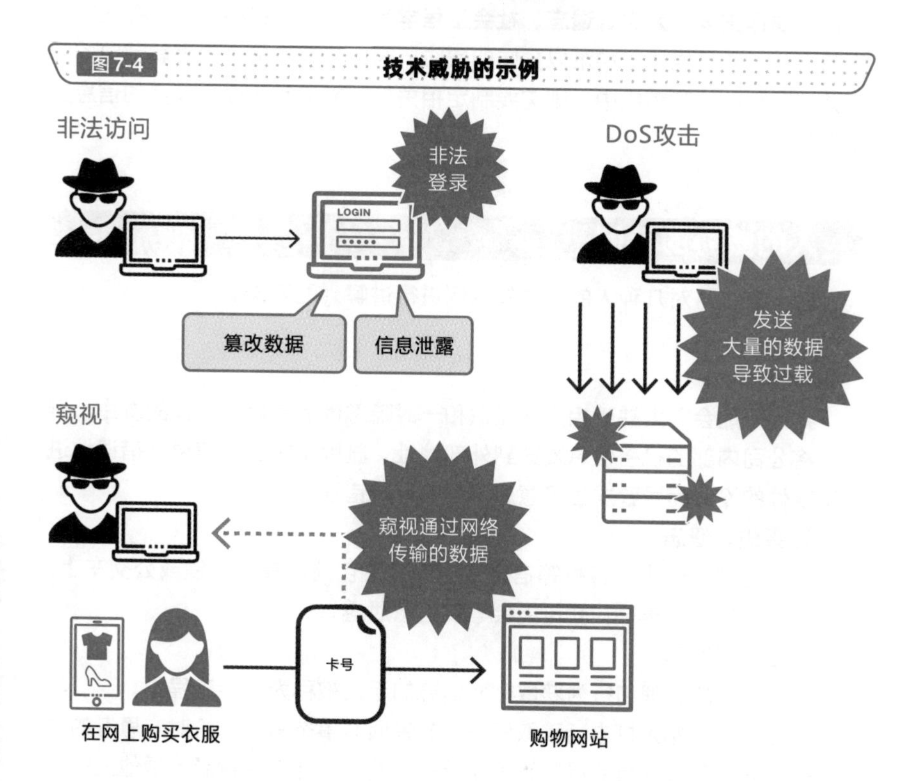

知识点

✎在导致系统出现问题的因素中，通过程序和网络进行的攻击被称为技术威胁。
✎技术威胁的示例包括非法访问、计算机病毒、DoS 攻击和窥视等。

对系统产生恶劣影响的问题③——人的威胁示例与对策

人为失误难以预防

因人为失误和非法行为导致损失的因素被称为**人的威胁**（图7-5）。具体包括**操作失误、丢失、遗忘、社会工程学**等。尤其是在组织中，存在很多人的威胁，并且也是一种难以预防的威胁。因此，需要每个人理解威胁的内容并加以预防。在组织中，则需要制定相关规则并进行全面且彻底的信息安全教育。

人的威胁的示例

接下来，将对几种人的威胁的示例进行讲解（图7-6）。

❶操作失误

我们可能会因为缺乏相应的知识和一时疏忽而造成操作失误的发生。例如，将公司内部的机密信息发送到外部地址、删除了重要的信息、错误地进行了软件的设置而导致发生了意想不到的运行错误。

❷丢失、遗忘

如果将装有个人计算机等信息终端的公文包遗忘在了地铁或公交车上，被带有恶意的人顺走了，就可能会导致信息泄露。

❸社会工程学

利用人们的心理和行为获取重要信息的手段被称为社会工程学。

例如，冒充熟人打电话骗取密码，或者假装事态紧急不给对方思考的时间以获取通常无法获得的信息等犯罪手段。此外，还有从背后偷看他人输入的密码，翻找丢弃在垃圾箱中的资料来窃取系统信息等犯罪手段。

图7-5 何谓人的威胁

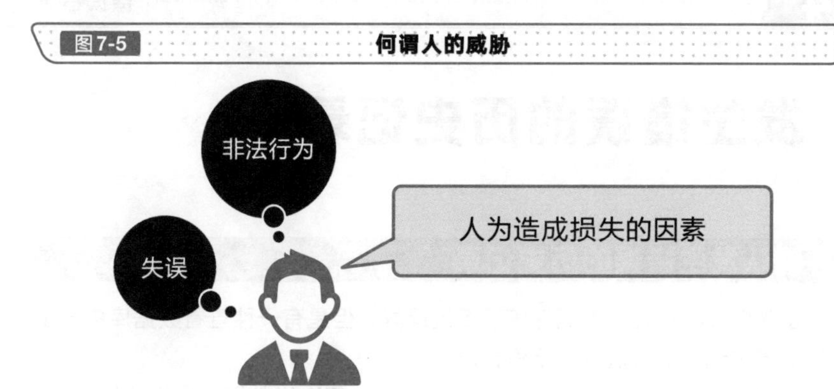

图7-6 人的威胁的示例

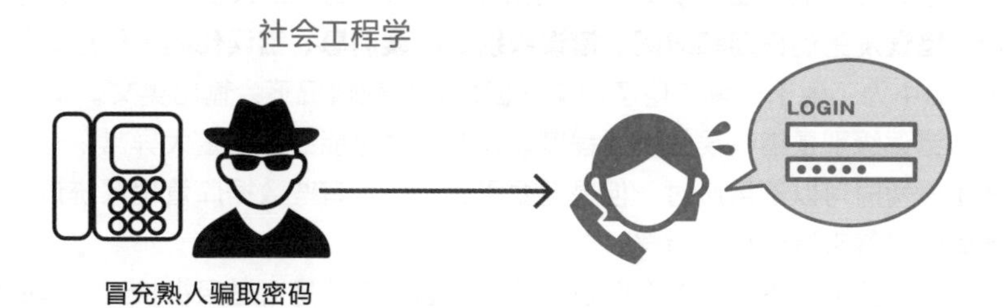

知识点

- 因人为失误和非法行为造成损失的因素被称为人的威胁。
- 人的威胁的示例包括操作失误、丢失、遗忘、社会工程学等行为。

》发生错误的历史记录

确认发生错误的历史记录

虽然名称和行为因数据库管理系统而异，但是有一种查看数据库中发生错误的历史记录的方法——**错误日志**。

错误日志是一种记录了错误语句的文件。**每次当数据库中发生错误时，数据库都会不断地将错误记录添加到该文件中**（图7-7）。因此，不仅可以通过错误日志查看最新发生的错误，还可以按时间顺序查看过去的错误内容。

由于错误日志记录了运行数据库时发出的重要警告和异常消息，因此它是一种用于日常监控数据库状态的重要的信息。此外，当发生故障时，错误日志还可以提供解决问题的线索。在要求提供商提供支持时，错误日志中的错误消息也是非常重要的信息。

错误日志的示例

错误日志的输出示例如图7-8所示。可以看到，错误日志的输出示例中包含**错误发生的日期和时间、错误级别、错误消息、错误代码**等信息。虽然图7-8中为了便于理解使用了中文，但是大多数情况下会输出英文。

错误级别是指错误的紧急程度。有些错误可能会导致重大异常；有些错误虽然暂时可以不用应对，但是需要引起重视。有些数据库管理系统设置了不同的标签来区分每种错误。

在某些情况下，可能会存在大量的日志，而总是通过目视检查所有的日志是非常辛苦的。因此，通常情况下，会采取只有在出现问题时才使用监控工具或程序，将错误通知给用于业务的电子邮件或聊天工具的方法。

图7-7 每次发生错误都会添加记录

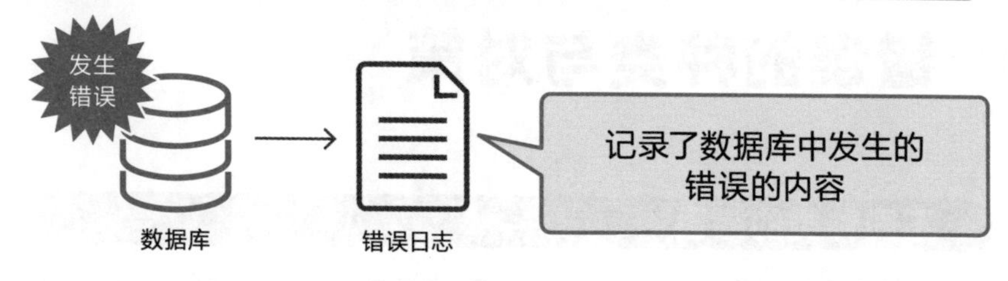

图7-8 错误日志输出示例

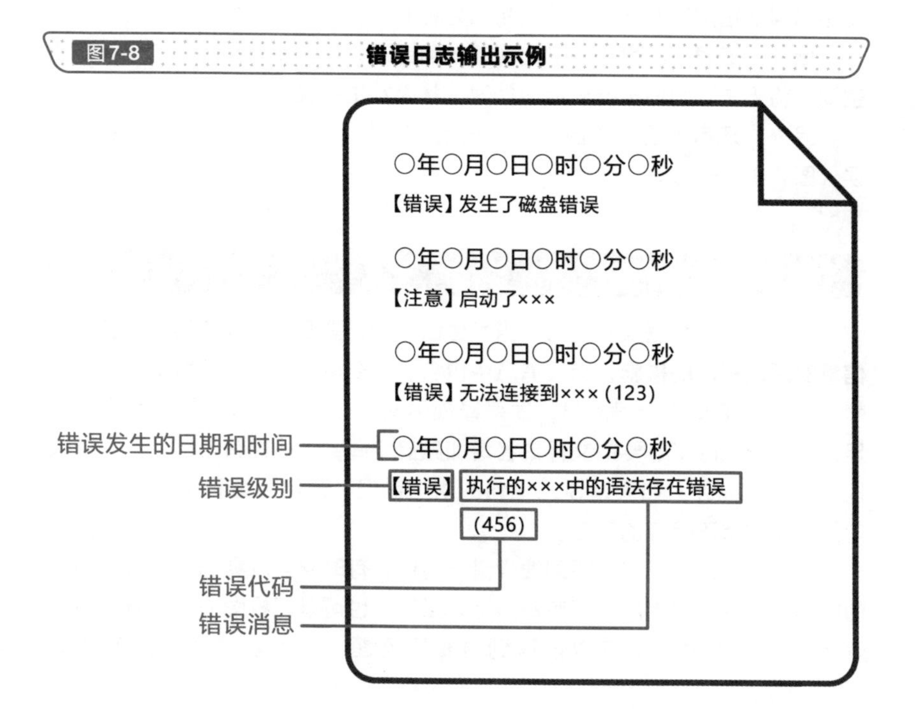

知识点

- ✎错误日志是一种查看数据库中发生错误的历史记录的方法。
- ✎可以从错误日志输出错误发生的日期和时间、错误级别、错误消息、错误代码等信息。

» 错误的种类与对策

不同种类的错误

数据库中存在不同种类的错误。SQL语句的**语法错误**就是一个具有代表性的例子。如果在数据库中执行的SQL语句中输入了错误的信息，就会发生错误。指定了并不存在的表名和列名时，也同样会发生错误。

此外，**资源不足**也是经常出现的一种错误。如果没有足够的内存和磁盘空间，将无法顺利地执行预期的处理，从而发生错误。

另外，还有无法连接数据库、死锁（参考4-17小节）和超时等各种错误（图7-9）。

错误的解决方法

为了不干扰数据库的运行，当发生错误时，需要**在查看错误日志和监控信息时采取相应的措施**。错误消息中包含了很多可以帮助我们解决问题的线索。如果是英文的错误消息，请翻译成中文。如果错误消息是磁盘空间不足，就需要删除不必要的文件或者增加磁盘空间，以确保有足够的空间供数据库使用。此外，如果是SQL语句的语法错误，则需要查看执行该SQL语句的程序并修正相应的部分。

此外，还可以使用互联网搜索错误消息，有时候可以看到遇到相同问题的好心的网友在网上总结了应对措施。当然，也可以查看图书和官方文档来解决问题，如果团队在以前遇到过相同问题，也可以参考当时的做法（图7-10）。

图7-9 错误的种类

SQL的语法错误

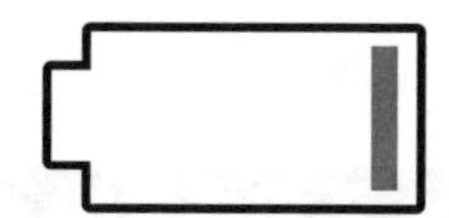

无法连接到数据库

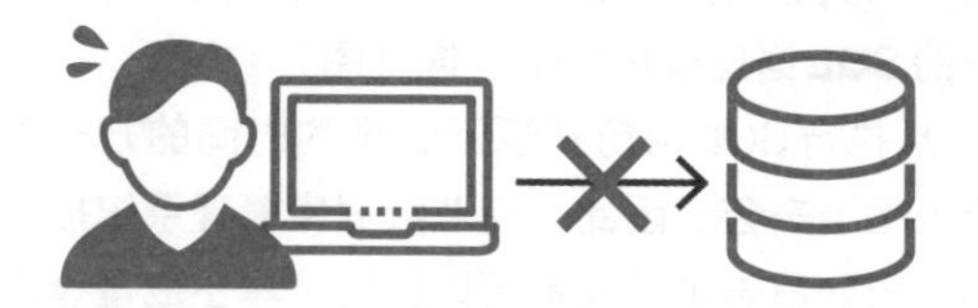

死锁或超时

图7-10 解决错误的方法

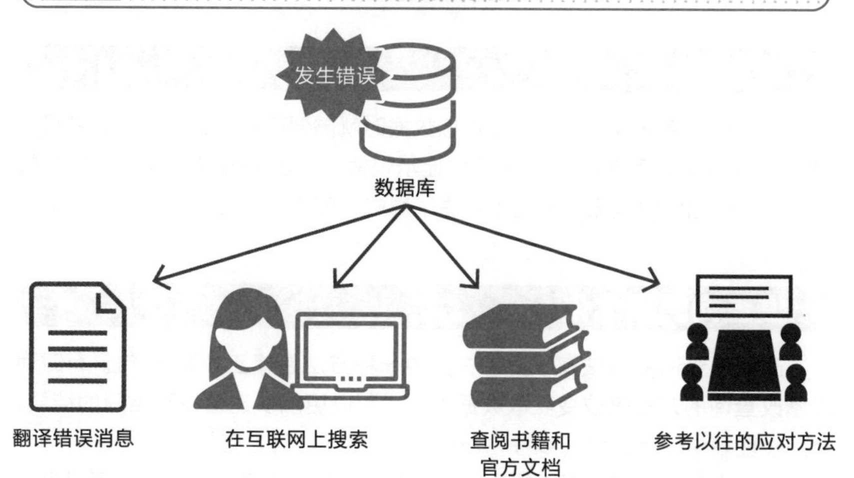

知识点

- 数据库中发生的错误包括SQL语句的语法错误、资源不足、连接错误、死锁和超时等。
- 当发生错误时，可以翻译错误消息，并在互联网、书籍和官方文档中查找解决方法，或者参考团队以往的应对方法。

» 执行时间较长的SQL语句

汇总慢查询

虽然数据库具备可以立即从大量的数据中获取必要信息的优点，但是根据获取的方式和表的设计以及随着数据量的增加，可能会需要花费一些时间进行查找。这种**执行时间较长的SQL语句**被称为**慢查询**（图7-11）。

虽然慢查询可以通过计算从执行SQL语句到返回结果的时间的方式来识别，但是要一个一个地检查也相当辛苦。因此，有些数据库管理系统提供了可以将慢查询及其执行时间输出到日志中，或者可以使用工具生成慢查询一览表的功能。

慢查询引起的问题

如果对慢查询放任不管，在汇总数据时就需要花费较长的时间，并且会导致使用该数据库的Web 网站页面显示较慢以及服务器过载（图7-12）的问题。如果已经对数据库的使用产生了影响，就需要对慢查询进行调整。

慢查询的最优化

改善慢查询的方法有很多种，其中一种方法是修正SQL 语句。有时通过修改查询的方式来改变获取数据的方式可以更加快速地得到相同的结果。此外，在表中使用索引（参考7-7小节）也是一种行之有效的方法。

在使用数据库管理系统的功能提取慢查询时，大多数情况下，可以设置为提取超过指定秒数的查询。可以从花费时间最多的慢查询开始进行最优化处理，并逐渐减少秒数以高效地进行调整。

图7-11 执行时间较长

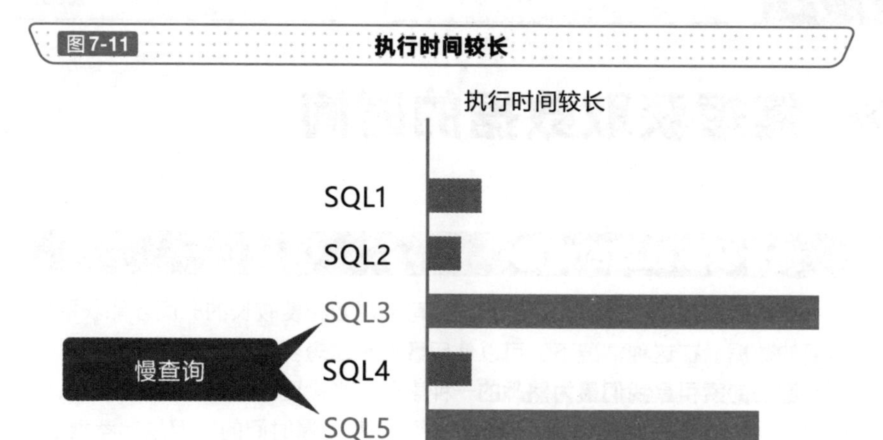

图7-12 慢查询引起的问题

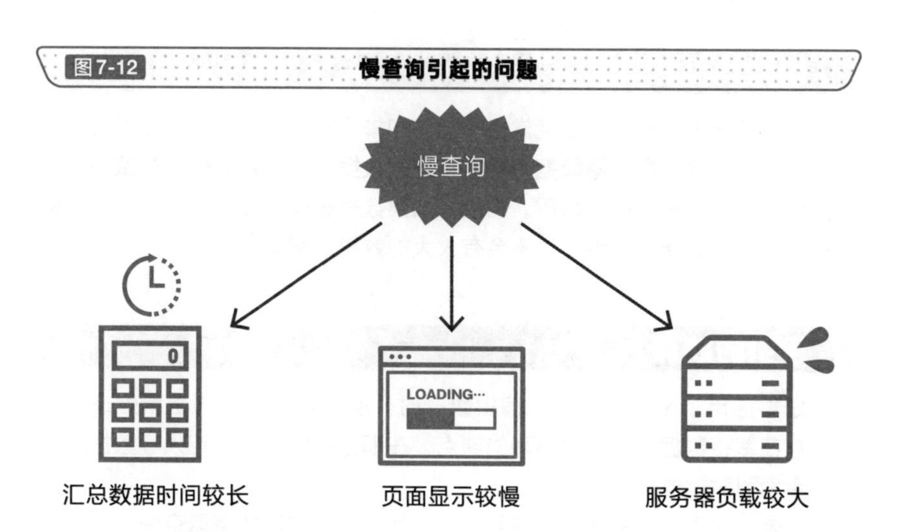

知识点

- 执行时间较长的 SQL 语句被称为慢查询。
- 慢查询是导致汇总数据和显示页面时间较长，以及服务器过载的原因。
- 可以通过修正 SQL 语句和使用索引的方式对慢查询进行改善。

» 缩短获取数据的时间

提升获取数据的性能

如果数据库中保存了大量的数据，可能需要花费较长的时间才能获取到需要的数据。在这种情况下，可以使用**索引**来缩短获取数据的时间。

图书的索引是我们最为熟悉的一种索引。当需要查找包含相关内容的页面时，从第一页开始按照顺序查找是需要花费大量时间的。但是参考索引，就可以快速地找到相应的页面（图7-13）。如果是数据库，预先为查询条件中经常使用的列创建索引，就可以提高获取数据的性能。

适用索引的示例

索引基本上设置在需要经常用于查询和排序条件的列以及需要进行表连接的列中。特别是**在大量数据中提取特定的数据，以及列中保存的值的种类较多**时，越能发挥索引的作用。相反，如果数据较少，类似性别这种值的种类很少的列，即便使用索引也不会有太大的效果（图7-14）。

索引的缺点

如果应用了索引，那么在编辑数据时，索引也需要进行更新处理。因此，存在编辑数据时速度会下降的缺点。在那些经常需要登记大量数据的表中应用索引时需要留意。

此外，由于索引需要单独占用存储空间，还存在**消耗磁盘空间**的缺点。

图7-13 **索引的示意图**

从书中查找向日葵的页面
无索引
从第一页开始
按照顺序查找
如果没有索引，
就需要花很多时间
找到了向日葵的
页面
有索引
向日葵在23页
通过索引查找
找到了向日葵的
页面
使用索引查找
可以更快

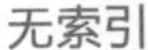

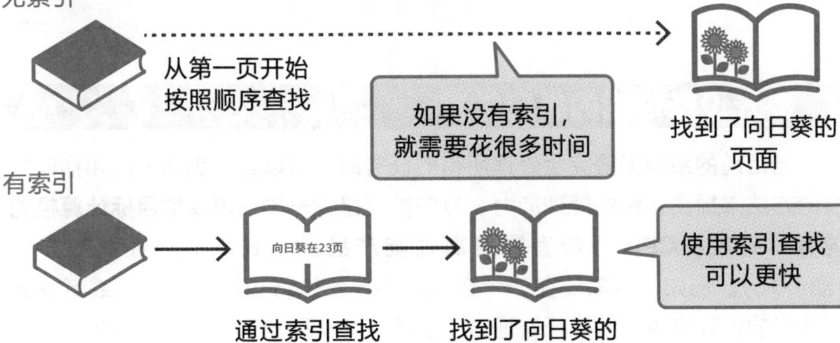

图7-14 **适用索引的示例**

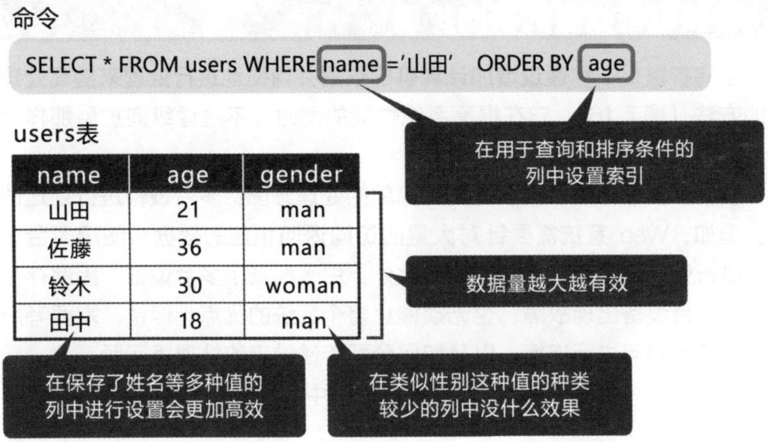

命令
SELECT * FROM users WHERE name ='山田'　ORDER BY age
在用于查询和排序条件的
列中设置索引
users表
数据量越大越有效
在保存了姓名等多种值的
列中进行设置会更加高效
在类似性别这种值的种类
较少的列中没什么效果

name	age	gender
山田	21	man
佐藤	36	man
铃木	30	woman
田中	18	man

知识点

- 使用索引可以缩短获取数据的时间。
- 在数据量大且值的种类较多的列中设置索引会更加有效。
- 索引存在编辑数据时处理速度会下降和需要消耗磁盘空间的缺点。

» 均衡负载

提升设备性能的纵向扩展

当目前的系统无法完全处理所有的任务时，可以通过纵向扩展和横向扩展的方法来提高系统的处理能力。纵向扩展是指一种通过**增加目标计算机的内存、磁盘和CPU**，或者**置换高性能产品**的方式来提升性能的方法（图7-15）。例如，当需要在一个数据库中高频进行更新处理时，或者需要在特定的计算机中频繁执行处理时，使用纵向扩展的方法就非常有效。

但是，也存在需要暂时停止运行中的系统，以及设备性能存在物理限制，故而无法无限地进行纵向扩展等问题。

增加设备数量的横向扩展

横向扩展是一种**通过增加计算机的数量并均衡地进行处理来提高处理性能**的方法（图7-16）。它在提高系统性能的同时，不会像纵向扩展那样受制于设备规格的上限。

横向扩展非常适合用于需要将简单的处理分配给多台设备进行处理的场合。例如，Web 系统需要针对大量的访问返回相应的数据，使用多台设备均衡进行处理就会比较容易实现。此外，由于配备了多台设备，因此存在即使其中一台设备出现故障，也无须停止整个系统的优点。但是，需要考虑多台设备应当如何进行连接，以及如何分配传递过来的处理等问题。

同步复制（参考7-9小节）是在数据库中实现横向扩展的方法之一。

图7-15 纵向扩展的示意图

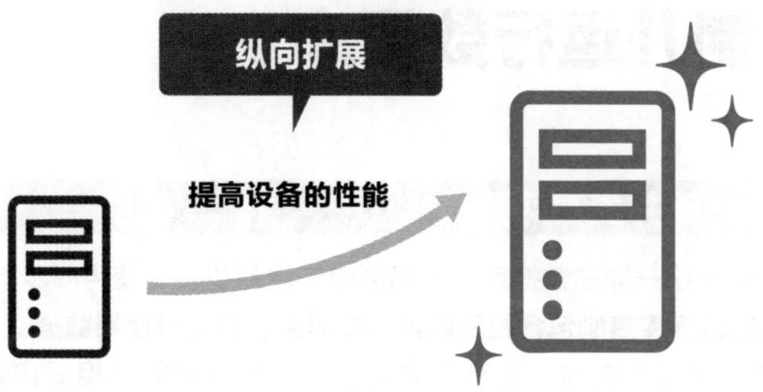

图7-16 横向扩展的示意图

知识点

- ✐提高系统处理能力的方法包括纵向扩展和横向扩展。
- ✐提高设备性能的方法被称为纵向扩展，增加设备数量的方法则被称为横向扩展。

》复制并运行数据库

分散处理并提高可用性

同步复制是一种在数据库中实现横向扩展的功能。使用同步复制功能，可以**从原始数据库复制包含相同内容的数据库，并同步使用数据**。当原始数据库的内容进行更新时，更新的数据也会反映到复制了相同内容的数据库中。

当需要执行大量处理时，通常情况下会集中在一个数据库中进行处理。但是使用同步复制功能创建多个包含相同内容的数据库之后，就可以将整体的处理分散开来减少负载。

除此之外，还存在其他提高可用性的方法。当一个数据库发生故障时，如果可以将处理交给其他正常数据库执行，那么就可以实现系统的持续运行（图7-17）。

使用同步复制的示例

使用同步复制功能均衡数据库负载的示例如图7-18所示。在图7-18所示的结构中可以看到，我们对主数据库（MDB）进行复制并创建了名为只读副本的数据库。只读副本是只用于读取数据的数据库，数据的更新需要在主数据库中执行，更改的内容才会反映到只读副本中。

对于以读取数据为主的数据库，可以通过这样的结构来均衡读取数据时的负载以有效提高性能。

图7-17　同步复制的作用

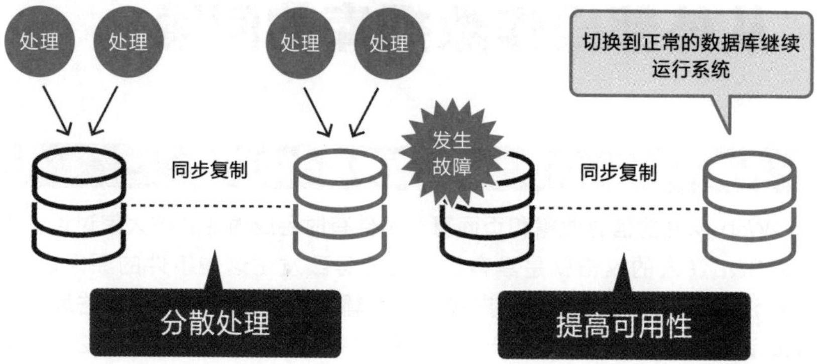

图7-18　使用同步复制结构的示例

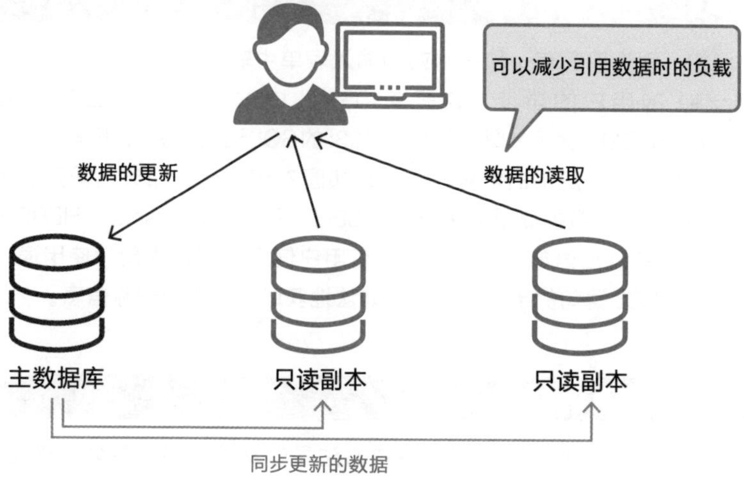

知识点

- 使用同步复制功能，可以从原始数据库复制包含相同内容的数据库并同步数据。
- 使用同步复制功能，可以分散处理以减少负载，从而提高可用性。

» 从外部操作数据库的问题

具有代表性的信息泄露和页面篡改的原因

Web 网站的信息泄露和页面篡改事件有时会成为话题被大家讨论。而名为**SQL注入**的攻击就是具有代表性的导致发生这些事件的原因之一。SQL 注入是一种**攻击者在用户可以随意输入内容的表单中，非法地输入SQL 语句**来提取或更改原本无法查看的信息的漏洞。使用这种非法手段泄露会员联系方式和信用卡信息的案例有很多，可以说这是一种能够造成严重破坏的漏洞。

SQL 注入的机制

例如，假设现在有一种在网站的输入表单中输入用户ID 之后，就可以查询该ID 的用户的功能。在表单中输入123，数据库就会执行名为SELECT * FROM users WHERE id = 123;的SQL语句，并在页面上显示该信息，这是正常情况下的流程。但是，如图7-19所示，如果在输入表单中输入1 OR 1= 1，数据库就会执行名为SELECT * FROM users WHERE id = 1 OR 1 =1;的SQL语句，这是获取所有用户信息的SQL语句。使用通过这种方式改变SQL语句的手段，就可以非法地获取、更改和删除信息。

SQL 注入的对策

针对SQL注入的一种常见的解决方法是转义输入值。具体的做法是，不直接将用户自由输入的值用于SQL语句，而是将数据转换为可以作为字符串处理的形式，再应用到SQL语句中。此外，也可以导入WAF（Web application firewall，Web 应用防火墙）阻止非法访问，从而规避SQL 注入的风险（图7-20）。

图7-19 SQL 注入的机制

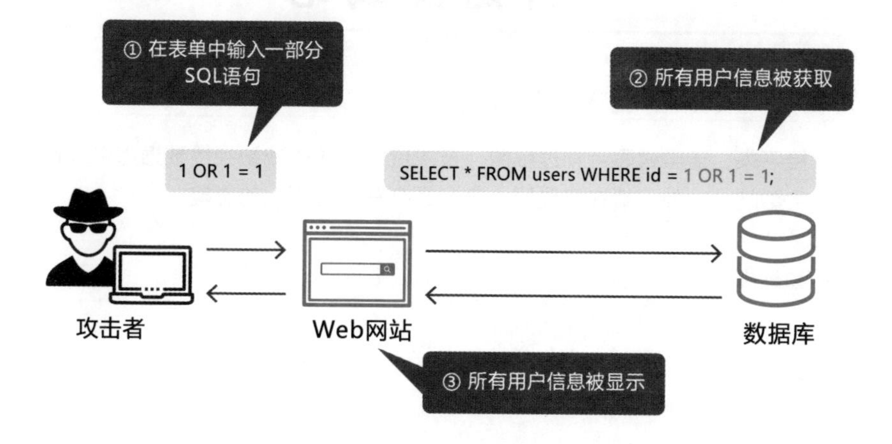

图7-20 SQL 注入的对策

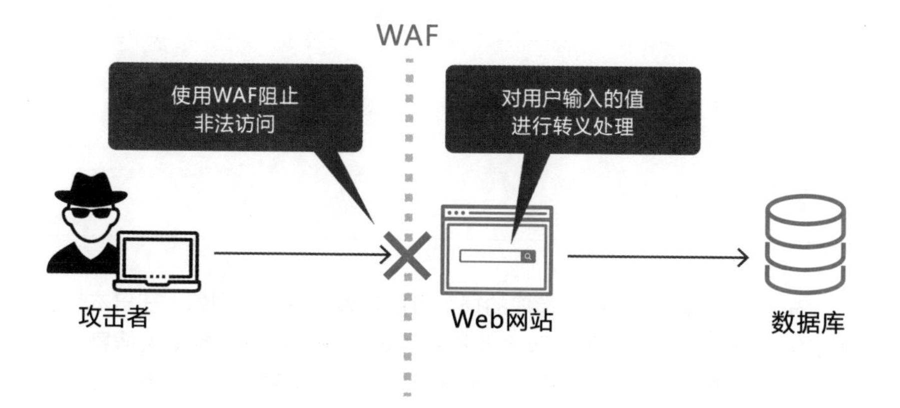

知识点

- 攻击者在用户可以随意输入的表单中输入非法的SQL 语句，提取和更改原本无法查看的信息的漏洞被称为SQL 注入。
- 可以采取转义输入值和导入WAF 等措施来规避SQL 注入的风险。

开始实践吧

尝试思考数据库相关的威胁吧

接下来，请尝试思考物理威胁、技术威胁、人的威胁会给数据库带来什么恶劣影响。此外，请在互联网上查询还存在哪些不利的影响。

物理威胁

-
-

技术威胁

-
-

人的威胁

-
-

在某些情况下，威胁所造成的损害可能是毁灭性的。例如，在日本也发生了很多因为非法访问而导致企业持有的数十万到数百万条个人信息被泄露，从而给企业造成了极大损失的事件。一旦遭受这种损害，企业的形象将一落千丈，信誉也将大打折扣，对遭受损害的客户进行赔偿也可能会影响到企业的生死存亡。因此，为了最大限度地降低此类风险，正确地理解威胁并采取严格的防范措施是免受侵害的至关重要的一环。

第8章

活用数据库

——在应用程序中使用数据库

» 使用软件连接数据库

让直观的操作成为可能

正如在第3章中所讲解的，处理数据库时，基本上需要**使用命令进行操作**。如果是开发人员，对命令操作肯定是轻车熟路的，但是对于其他人来说，命令操作是很难上手的一种方法。因此，可以选择使用**客户端软件**这种更为简单地操作数据库的方法。

在这些软件中，大多数软件都是公开的。有些软件可以用易于阅读的方式整理和显示数据。而有些软件则可以像电子表格软件那样，从菜单中选择任务进行直观操作（图8-1）。如果需要对数据库进行简单的操作和检查数据，使用这类软件有时会更加方便。但是，它们不一定支持数据库的所有操作。因此，需要注意它们**无法执行超出支持功能的其他操作**。

此外，有些软件中还实现了数据库中没有提供的功能。例如，E-R图的创建、补足输入、性能确认等。因此，可以根据具体情况将这些功能用于数据库管理。

使用客户端软件

接下来，将在图8-2 中对主要的客户端软件进行讲解。客户端软件包括很多种，既有制造商开发的软件，也有开源发布的软件，还有付费的或免费的软件。此外，可使用的软件会受到数据库管理系统的限制。

在连接数据库时，大多数情况下需要在软件上设置数据库的主机名、用户名和密码才能使用。

使用客户端软件的优势

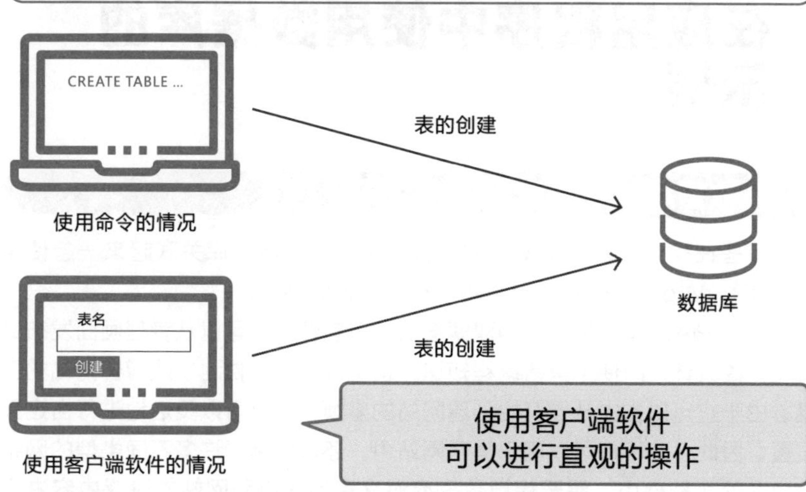

图8-2 **主要的客户端软件一览表**

软件名称	支持的数据库管理系统	补　充
Sequel Pro	MySQL	仅适用于Mac
MySQL Workbench	MySQL	可以创建E-R图和确认性能，可以在很多环境中运行
phpMyAdmin	MySQL	可以从Web 浏览器进行操作
pgAdmin	PostgreSQL	可以在很多环境中运行
A5:SQL Mk-2	Oracle Database、PostgreSQL、MySQL等	可以完成输入、分析查询、创建E-R图等

知识点

- 使用客户端软件可以通过直观的界面来操作数据库。
- 一些软件提供了原始数据库中不具备的功能，可以将这些功能用于数据库管理。

在应用程序中使用数据库的示例

与数据库关联的应用程序

有些在软件和网络中使用的工具，也可以与数据库关联起来一起使用（图8-3），**WordPress** 就是其中具有代表性的例子。

WordPress 是一种用于构建博客的著名软件，是可以从管理画面发布文章和更改设计，即使不具备编程知识，也可以相对轻松地创建博客网站的工具。由于它可以省去从零开始创建网站的麻烦，并且可以灵活地进行自定义设置。因此，它不仅可以用于博客网站中，还可以用于许多不同类型的网站中。在这个软件中，**需要使用数据库对文章的内容和网站的设置内容进行管理**。

WordPress 与数据库的关联

在使用WordPress时，需要另外使用MySQL数据库。在安装WordPress时，如果预先指定数据库名、用户名和密码并与数据库进行关联，就可以自动地在应用程序中创建需要使用的表。在安装完成之后，当在管理画面发布、编辑和删除文章时，对应的内容就会反映到表中。此外，它采用的是一种在显示发布的文章时从表中获取相应的数据显示在页面中的机制。有时需要在管理画面自定义页面，此时就可以将这些设置内容保存到数据库中（图8-4）。

综上所述，很多**需要在网络和智能手机中保存或显示数据的应用程序，在后台都使用了数据库**。数据库已经成了开发和构建应用程序不可或缺的一部分。

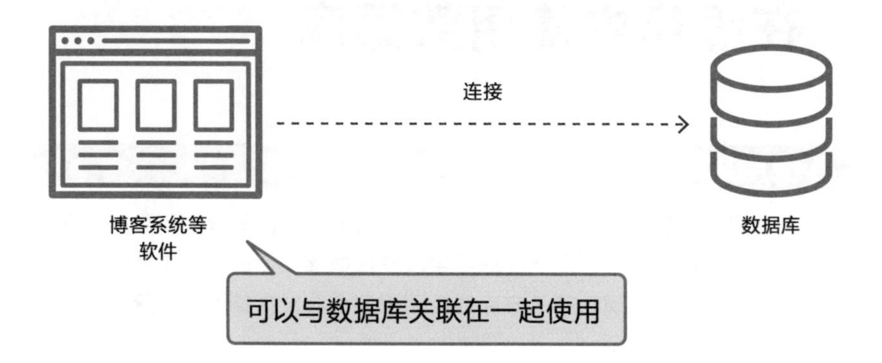

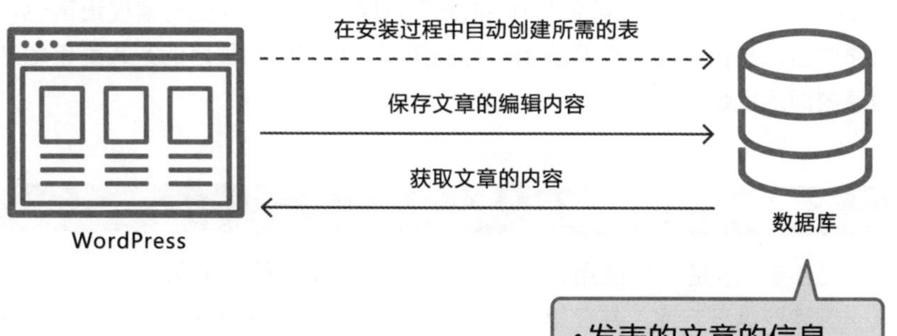

知识点

- 有些在软件和Web 中使用的工具，需要与数据库关联起来一起使用。
- WordPress 是一种著名的博客构建工具，它通常使用数据库来保存文章的内容和自定义的设置内容。

» 在程序中使用数据库

使用第三方库或驱动程序与数据库关联

当使用程序提高业务效率或进行数据分析时，有时需要使用数据库来保存数据。在这种情况下，需要在程序中操作数据库，此时，就需要使用**第三方库**或**驱动程序**来实现。第三方库或驱动程序大致发挥着连接**程序和数据库的桥梁的作用**（图8-5）。

例如，假设需要使用名为Ruby 的编程语言。Ruby 是一种具有代表性的编程语言，常用于Web 服务的开发中。当数据库管理系统使用Ruby与MySQL数据库关联时，需要使用一个具有代表性的名为mysql2的第三方库，引入第三方库之后就可以进行连接。此外，如果数据库管理系统是PostgreSQL，则需要使用名为pg的第三方库。同理，其他的编程语言也可以通过引入与数据库管理系统相对应的第三方库或驱动程序的方式简单地从程序内部连接数据库。

在程序中操作数据库

图8-6所示是一个使用Ruby语言操作数据库的程序示例。首先需要在第一行读取第三方库，并在第二行使用第三方库连接数据库。此时，指定数据库的用户名和密码就可以与数据库进行连接。然后，在第三行执行SQL语句并从users表中获取信息，再在下一行将获取到的数据输出。

可以通过这种方式从程序中获取和登记数据库中的数据。

图8-5 从程序连接数据库的示意图

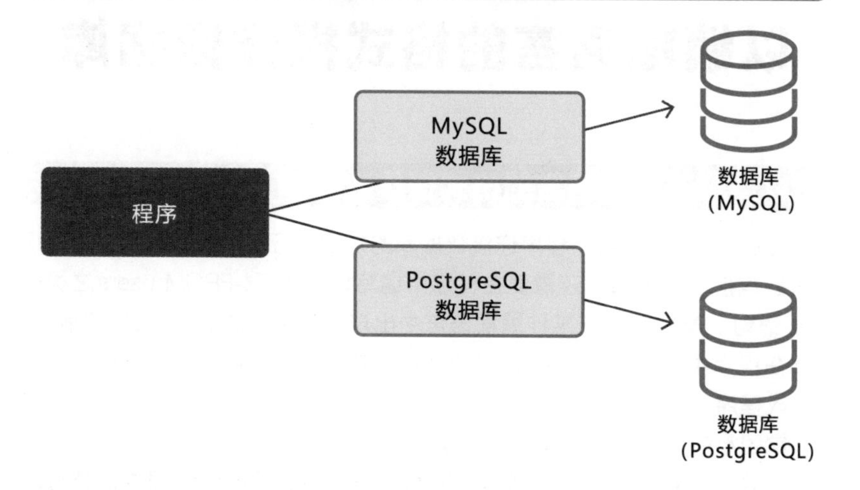

图8-6 使用Ruby 操作数据库的程序示例

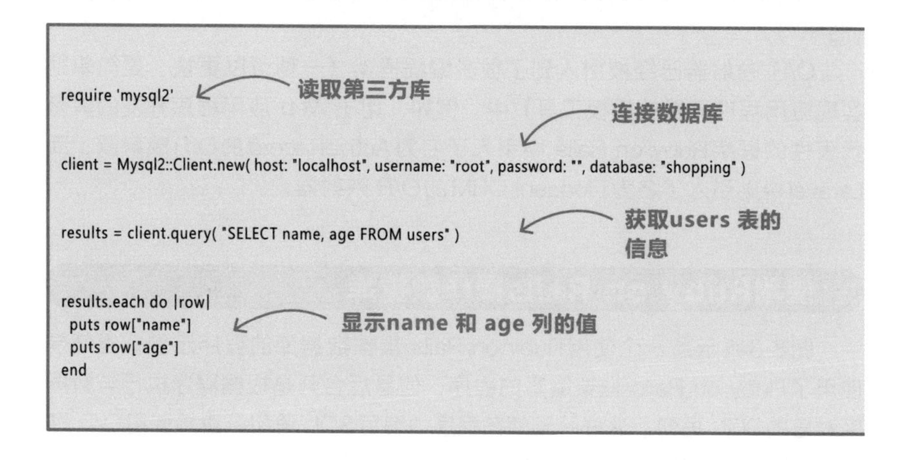


```
require 'mysql2'

client = Mysql2::Client.new( host: "localhost", username: "root", password: "", database: "shopping" )

results = client.query( "SELECT name, age FROM users" )

results.each do |row|
  puts row["name"]
  puts row["age"]
end
```

知识点

✐当在程序中操作数据库时，需要使用第三方库或驱动程序。
✐第三方库和驱动程序发挥着连接程序和数据库的桥梁的作用。

» 以编程语言的格式操作数据库

以类似于编程语言的格式操作数据库

在8-3小节中，对从程序连接数据库的方法进行了讲解。但是，如果仅仅只是连接了数据库，还需要在程序中编写SELECT * FROM users之类的SQL 语句。类似这种在某种编程语言中出现了另外一种SQL 语言的情况，需要在程序中实现组装SQL 语句的处理，并且需要将数据库中获取的数据转换成程序可以处理的格式。这一系列操作需要考虑很多方面的因素，并且是非常困难的操作，关键效率还不高。

O/R映射就是一种为了消除这种问题而特地创建的**以编程语言特有的编写方式和数据结构访问数据库的机制**。使用O/R 映射就可以顺利地在程序中使用数据库。此外，将负责处理这项任务的装置称为**O/R映射器**（图8-7）。

O/R 映射器已经被引入到了很多编程框架（一种可以更快、更简单地实现应用程序开发的模板工具）中。例如，用于Web 应用程序开发的具有代表性的框架Ruby on Rails 中引入了名为ActiveRecord的O/R映射器，而Laravel中则引入了名为Eloquent ORM的O/R 映射器。

使用Ruby on Rails操作数据库

图8-8所示是一个使用Ruby on Rails 操作数据库的程序示例。虽然是使用了Ruby on Rails 框架编写的程序，但是后台则是根据程序执行与数据库对应的SQL 语句。这样就无须在程序中编写SQL 语句，直接使用O/R 映射器以契合编程语言或框架的语法访问数据库即可。

图8-7 O/R 映射的概要

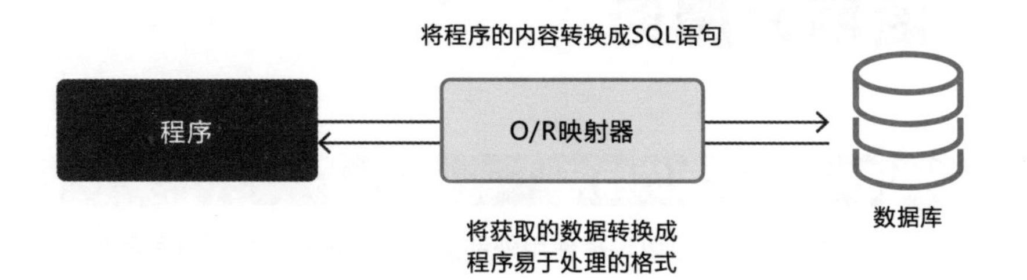

图8-8 使用Ruby on Rails 操作数据库的程序示例

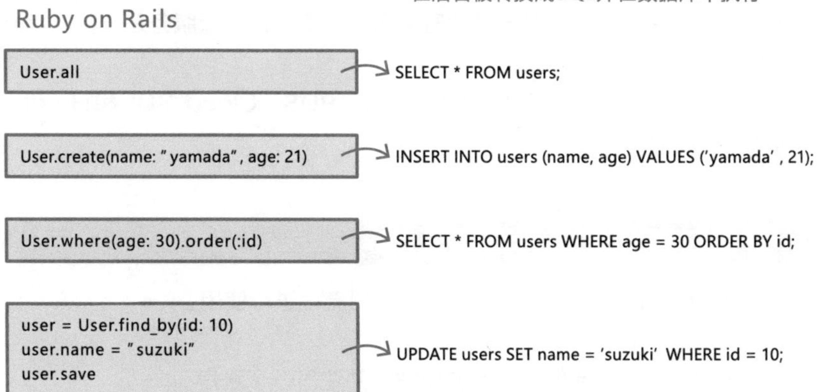

知识点

- 无须在程序中编写SQL 语句，可以利用编程语言特有的编写方式和数据结构访问数据库的机制被称为O/R 映射。
- 具有O/R 映射作用的装置被称为O/R 映射器，它已经被引入到了很多编程框架中。

» 活用云服务

使用外部提供商的服务

在使用数据库时，可以选择使用外部提供商提供的云服务（参考6-1小节）。由于选择使用这种服务可以通过网络使用提供商提供的设备和软件，因此，**无须自己采购必备的设备，即可在24 小时内的任何时间段在网络上构建数据库**（图8-9）。此外，很多服务采用的都是按量付费的计费体系。因此，可以只在需要时使用需要使用的服务。只需更改服务的内容或设置就可以轻松地实现纵向扩展或横向扩展。因此，可以选择在负载较大时，以及需要在某一时间段提升服务器性能时使用。由此可见，云服务是一种非常方便的服务。

具有代表性的服务包括Amazon RDS、Cloud SQL和Heroku Postgres（图8-10）。

使用云服务之前的流程

云服务中提供的数据库，可以根据下列流程进行使用。

❶访问提供数据库的供应商的网站，并注册一个账户。
❷创建新的数据库。
❸设置数据库的主机名、用户名和密码。
❹使用❸的信息连接并使用数据库。

由于最快只需要几分钟就可以完成设置，并且完成设置之后即可开始使用，因此云服务可以降低使用数据库的门槛。此外，由于**数据库相关的设备由提供商进行管理**，因此具有可以让用户专注于开发应用程序的优点。

图8-9 云服务的概要

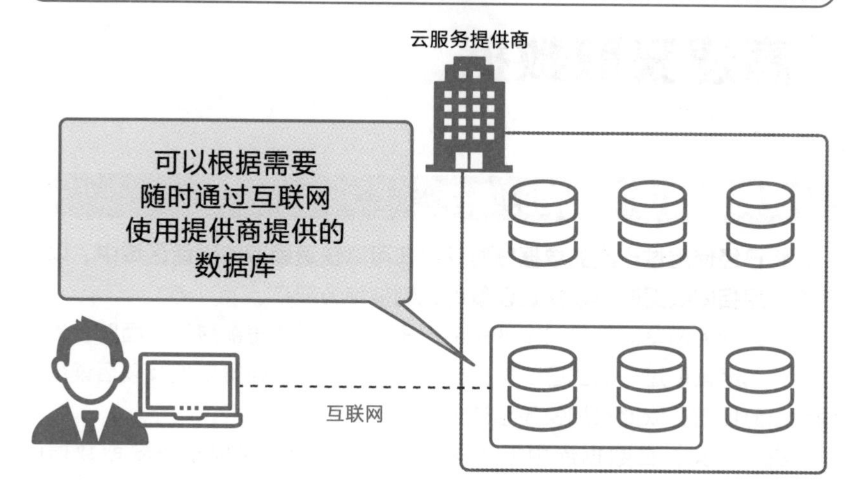

图8-10 主要的云服务一览表

服务名称	支持的数据库管理系统	补　充
Amazon RDS	MySQL、PostgreSQL、Oracle、Microsoft SQL Server 等	由亚马逊提供的服务，搭载了备份和同步复制等功能
Cloud SQL	MySQL、PostgreSQL、SQL Server	由谷歌提供的服务，类似于Amazon RDS，功能比较强大
Heroku Postgres	PostgreSQL	虽然与其他服务相比，功能有限，无法进行详细的设置，但是只要进行最基本的设置就可以使用，因此使用的门槛较低

知识点

- 如果使用云服务，即使自己不准备设备，也可以随时在网络上使用需要的数据库。
- 使用云服务可以轻松地在网络上实现纵向扩展和横向扩展。

» 高速获取数据

提高数据访问性能的缓存

将已经使用过一次的数据临时保存在可以快速读取的磁盘区域中，以便再次使用相同数据时可以快速读取的机制被称为**缓存**。

互联网的浏览器就是一个熟悉的例子。在通过浏览器显示页面时，浏览器会将已经读取过一次的图像文件保存在本地，以便在第二次及以后读取相同页面时使用，以此来加快显示速度（图8-11）。

由此可见，在数据库中加入这样的缓存功能，可以提高获取数据的性能。

在数据库中使用缓存功能

有时会使用缓存功能来提升数据库读取数据的速度。特别是那些需要经常读取的数据和经常需要进行更改的数据，使用缓存功能的效果显著。

例如，将以购物网站中前一天的热销产品排行页面为例进行思考。如果按照排名顺序从数据库中获取数据的处理较为繁重，数据库的负载就会比较大。而且由于前一天的排名已经不会发生变化，因此，如果每次访问页面都要执行繁重的处理，就会导致效率低下。但是，如果将数据库中的结果保存到其他区域，第二次及以后的访问都从该区域引用数据，就可以减少查询数据库的次数。从结果来看，这样可以有效提升获取数据的速度（图8-12）。

也可以自己创建这样的缓存机制。不过，在某些情况下，**缓存的功能已经安装在了与数据库关联的框架或软件中**。

图8-11 Web 浏览器中的缓存的示例

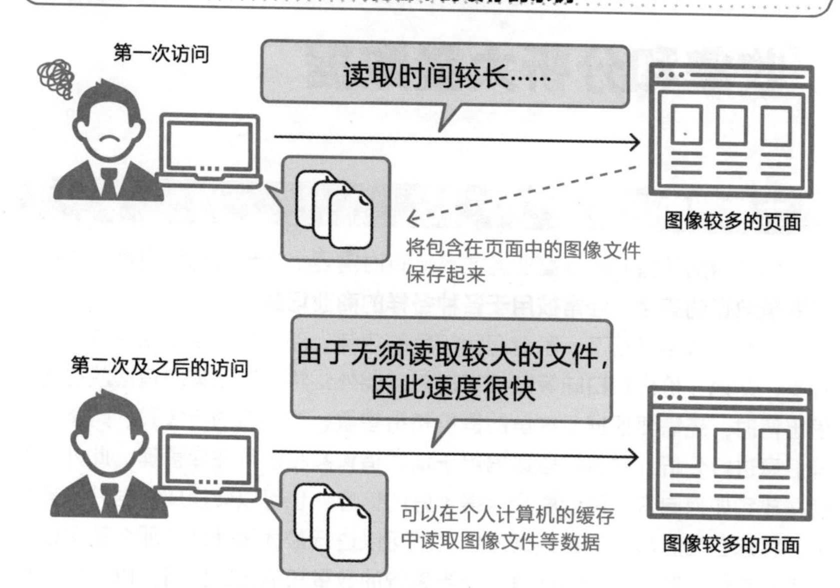

图8-12 数据库中使用缓存的示例

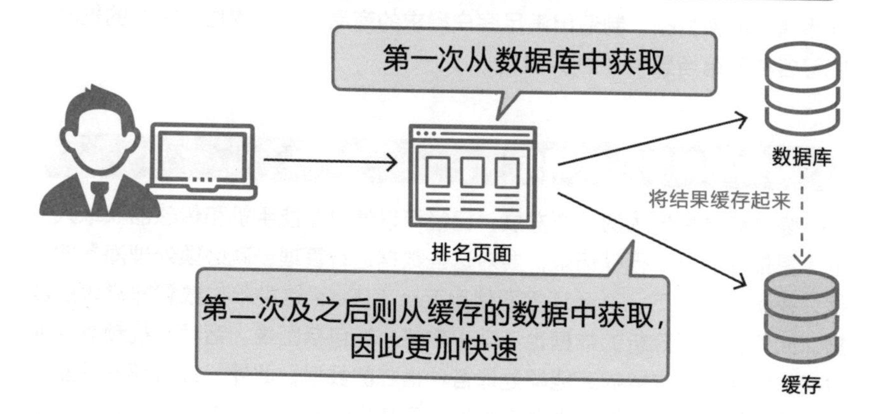

知识点

- 对需要多次使用的数据进行保存以便快速读取的机制被称为缓存。
- 在数据库中使用缓存功能，可以有效提高获取数据的速度。

» 收集和分析大量数据

大数据的运用

为了增加销售额和提高业务效率，有时需要灵活地运用**大数据**。大数据是**海量数据的集合，经常被用于各种各样的商业场景中**。

例如，假设经营了一家专门销售鱼的店铺。那么就需要根据季节、鱼的种类、产地、价格和口味等数据来进货。此外，将采购回来的鱼摆放在店铺里出售时，还需要根据每种鱼的售价和销售量、购买者的年龄段、购买时间等信息进行分析，并将这些数据用于增加销售额和进行在库管理。此外，如何摆放和如何向客户展示就会卖得更好的信息，也可以转换成数据并积累起来。将这些信息都收集到数据库中，就可以进行最优化处理，那么就可以知道应当在什么时候采购哪种鱼、应当采购的数量和销售的价格，以及如何摆放能够增加销售额（图8-13）。

当然，上面列举的只是一个简单的例子。实际上，可以将大数据用于增加零售店的销售额、制造出满足客户需求的商品，以及购物网站中的推荐功能等各种应用场景中（图8-14）。

大数据所需的数据库

随着信息化技术的不断发展，已经可以通过智能手机和传感器获取人们的大量位置信息和行程记录。要对这些数据进行管理，就必须处理海量的数据。在某些情况下，甚至还需要使用Tera 和Peta 这类单位数量非常大的数据。此外，需要分析的数据也不限于字符，还包括图像、音频、视频等各种数据。因此，要求数据库能够处理各种格式的数据。此外，针对那些不断产生的行为和支付等数据，也要求数据库具备高速吞吐的能力。

目前，可以满足这些条件的工具和技术已经以任何人都可以使用的形式得到了普及，在大企业之外的各种场景中也在灵活地运用大数据。

图8-13 在零售店中使用大数据

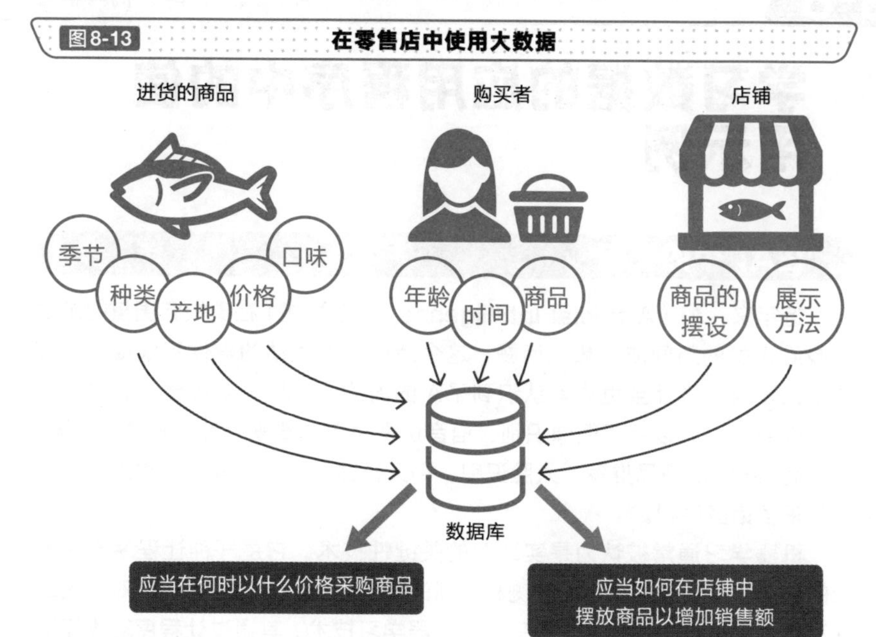

图8-14 大数据的使用示例

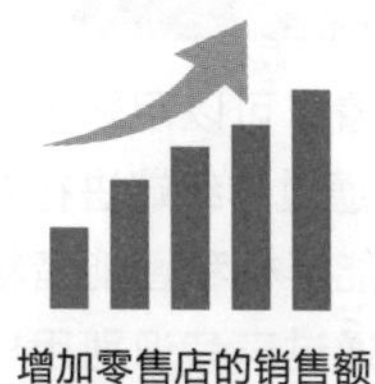

增加零售店的销售额

业务的拓展

优化商品的生产和库存

成本的削减

基于购买记录的推荐功能

新事业的开创

知识点

- 使用大数据的技术可以实现对海量数据的分析，可以将它灵活地运用于商业场景中。
- 大数据有助于扩大商业规模、削减成本、开拓新的商业领域。

学习数据的应用程序中的使用示例

在AI 中的使用

近年来，AI（Artificial Intelligence，人工智能）在象棋和围棋的游戏中战胜人类的新闻成了热门话题。这个造成一时轰动的事件不仅促进了AI的惊人发展，也让全世界都认识到了AI的潜能。这种可以代替人类进行预测和判断的AI可以用于图像识别、语音识别、自动驾驶、垃圾邮件过滤器、电子商务EC 的商品推荐、人脸识别、聊天机器人等广泛领域，给人们的生活带来了诸多便利。

机器学习通常被认为是实现AI的关键性技术。它是一种让程序学习大量的数据，并导出能够进行预测和判断的模型的技术。例如，一种对垃圾邮件过滤器提供支持的技术中也采用了机器学习技术。其通过**让程序对收集了大量的垃圾邮件和非垃圾邮件的数据库进行学习**的方式，将该程序用于判断接收的电子邮件是否为垃圾邮件（图8-15）。

聊天机器人的机制

大家可以看到，最近的Web网站上有一些页面中设置了可以用聊天的方式向AI 提问的功能来代替Q&A 问答页面。此外，那些通过与终端进行对话的方式自动执行相应操作的产品也得到了普及，如智能手机和智能音箱等。这些终端中也使用了AI和机器学习技术，它们可以通过声音识别用户的意图，**并使用从对话数据库中学习到的大量数据来作出相应的回答并执行操作**。此外，它们还可以将接收到的查询内容进一步保存到数据库中，并将这些数据用于学习，以便日积月累地提高AI的准确性（图8-16）。

图8-15 使用机器学习进行垃圾邮件检测

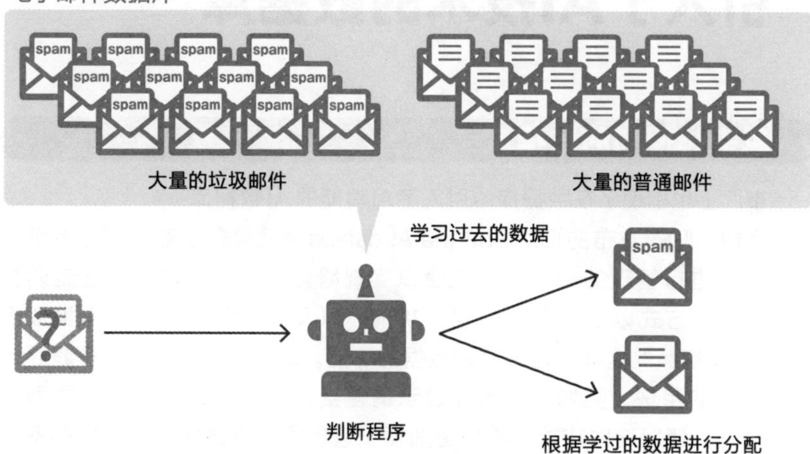

图8-16 聊天机器人的机制

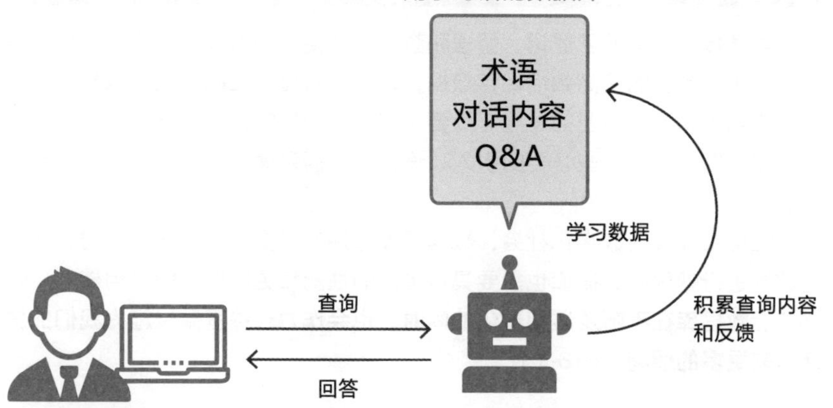

知识点

- AI开发中使用的机器学习是一种让程序学习大量数据以导出能够进行预测和判断的模型的技术。
- 机器学习领域中也使用了数据库。

引入了AI技术的数据库

越来越便利的数据库

市面上也出现了在数据库中引入了AI功能的**AI数据库**。

例如，IBM 发布的IBM Db2 the AI database就具备了对分散在多个位置并单独进行管理的数据进行聚合以实现跨区域分析的功能，通过调整SQL语句的方式以获取更优结果的功能，以及取代SQL语句使用类似于“月平均销售额”这样的句子查询数据的功能。此外，还提供了一些超越传统数据库的用法。例如，用图表显示销售结果，对未来走势进行预测等（图8-17）。使用这些功能，**不仅更加便于管理和分析数据，也让那些不是专家的负责人可以更加容易地访问数据库**。

数据库的未来

虽然数据库具备了登记、整理和查询这些便于处理数据的功能，但是笔者认为更为重要的是高效地保存数据，以便将它显示在网页上，以及将数据的分析结果助力于商业的发展。而要达到这样的目的，就需要像刚刚介绍的AI数据库那样，让那些必要的引入、设计和数据管理变得更加简单、高效且方便。

在持续发展的数字化社会，数据规模总是与日俱增的。与此同时，要求对数据进行处理的数据库也需要具备更高的性能和更加广泛的应用能力。想必今后**数据库在不断发展和进化的同时，也会作为一种基础设施为我们的生活带来更多的便利**（图8-18）。

图8-17 **引入了AI技术的数据库**

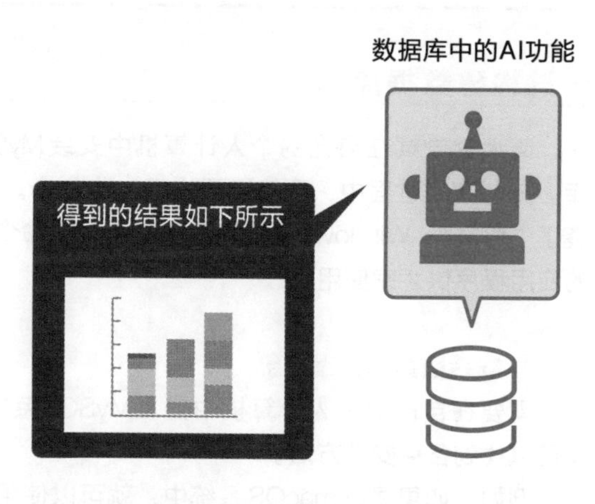

图8-18 **不断发展的数据库**

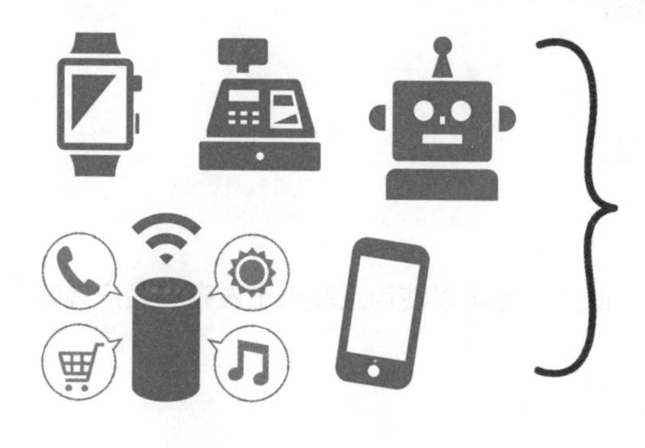

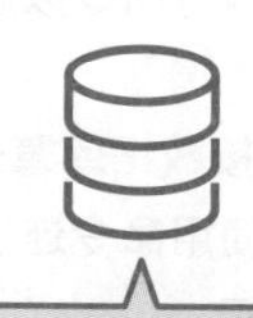

要求数据库具备更广泛的作用和性能

数据将不断增加，
利用价值也随之增加

知识点

- 在数据库中引入AI之后，市面上出现了一些可以自动对管理和获取数据进行优化的产品。
- 非计算机专家的负责人也可以很容易地访问数据库。

开始实践吧

尝试构建数据库吧

请大家尝试在自己的个人计算机中安装MySQL 系统并创建一个数据库。在创建的过程中，可能需要执行一些命令。macOS系统中已经预先安装了“终端”，Windows系统则预先安装了“命令提示符”等用于执行命令的应用程序供大家使用。

① 安装数据库管理系统

需要在自己的个人计算机中安装MySQL系统。在互联网中进行查询，就可以找到各种安装方法。

例如，如果是在macOS系统中，就可以使用Homebrew 进行安装。如果是在Windows系统中，则可以从官方网站上下载安装程序。大家可以根据运行环境选择合适的安装方法。

② 启动数据库

需要执行命令以启动数据库。

③ 连接数据库管理系统

需要使用命令连接数据库。此外，也可以使用互联网上发布的客户端软件进行连接。

④ 创建数据库

需要使用第3 章中讲解的SQL语句创建数据库和表。此外，请尝试在创建好的表中添加、编辑和删除记录。

看一下数据库的设计示例吧

在互联网中，有时会有其他人发布的应用程序的数据库设计示例，大家可以进行参考。

例如，著名的构建博客的工具WordPress 中就使用了MySQL，并公开了表名、列名和数据类型等信息。

术语集

[●"→"后面的数字是术语相关的章节编号。]

AI (→8-8)

拥有像人类一样可以学习和解决问题的智能系统。

AUTO_INCREMENT 属性 (→4-11)

自动地在列中保存连续编号的约束条件。

备份 (→6-6)

以防数据损坏而创建副本的操作。

表 (→2-2)

在关系型数据库中，所谓用于存储数据的表。

表连接 (→2-3、→3-20)

一种在关系型数据库中，通过组合多张关联表的方式获取数据的方法。

布尔值 (→4-5)

在编程世界中，它表示"真"（true）和"假"（false）两种值的含义。常用于表示ON 或OFF等两种状态。

COMMIT (→4-15)

当一系列事务中包含的处理执行成功时，将结果反映到数据库中的操作。

层次模型 (→2-1)

一种像树那样有很多分支的，一对父母生育多个子女，每个子女又继续向下开枝散叶的数据模型。

差分备份 (→6-6)

一种对全量备份之后添加的更改部分进行备份的方法。

初始成本 (→6-3)

第一次引入系统时所需的费用。

错误日志 (→7-4)

记录了数据库中发生错误的历史记录的文件。可以输出错误发生的日期和时间、错误代码、错误消息、错误级别等信息。

DEFAULT (→4-7)

允许在列中设置默认值的约束条件。如果在列中设置了该约束条件，且在没有指定值的情况下添加记录，列中就会保存预先指定的默认值。

大数据 (→8-7)

日积月累的各种格式的海量数据的集合。

E-R图 (→5-7、5-8、5-9)

表示实体和关系的图表，包括概念模型、逻辑模型、物理模型等类型。

FOREIGN KEY (→4-13)

一种只允许在该列中保存指定的其他表的列中的值的约束条件。

关系 (→5-6)

实体之间的联系，包括一对多、多对多、一对一等关系。

关系模型 (→2-1)

在包含行和列的二维表格中保存数据的数据模型。可以通过组合多张表的方式表示各种不同的数据。

规范化 (→5-10)

在数据库中整理数据的顺序。可以减少重复的数据，将数据整理成易于管理的结构。

横向扩展 (→7-8)

通过增加计算机数量的方式来进行分散处理以提高系统处理能力的方法。

还原 (→6-7)

从转储文件中恢复数据。

缓存 (→8-6)

一种将使用过一次的数据临时保存在可以快速读取的区域，以便于再次使用该数据时可以快速读取的机制。

回滚 (→4-16)

取消事务中的处理，并返回到事务开始时的状态。

机器学习 (→8-8)

一种让程序学习大量的数据，并导出能够进行预测和判断的模型的技术。

记录 (→2-2)

与表中的行相对应的部分。

技术威胁 (→7-2)

通过程序或网络实施攻击，并导致系统出现问题的因素，包括非法访问、计算机病毒、DoS 攻击、窥视等。

加密 (→6-8)

一种将某些数据转换成他人无法读懂的信息的技术。

键/值型 (→2-6)

一种可以保存由键和值这两个数据组成的对的模型。

解密 (→6-8)

对加密后的数据进行还原的处理。

开源软件 (→1-5)

源代码是对外公开的，任何人都可以自由使用的软件。

列 (→2-2)

与表中的列对应的部分。

慢查询 (→7-6)

执行时间较长的SQL 语句。

面向列型 (→2-6)

一种对用于识别一行数据的键，可以对应由多个键和值组成的数据对的模型。

面向文档型 (→2-7)

一种可以以JSON和XML这类具有分层结构的数据进行保存的模型。

NoSQL (→2-5)

指非关系模型数据库管理系统。

NOT NULL (→4-9)

一种不允许在列保存NULL 的约束条件。

NULL (→4-8)

表示“什么都没有”的值。可以显式地表示其中未输入任何值。

内部部署 (→6-1)

一种使用公司自己的硬件设备运行数据库的方法。

内连接 (→3-21)

一种仅合并和获取与指定列的值匹配的数据的方法。

O/R 映射 (→8-4)

无须编写SQL语句，即可使用编程语言特有的语法格式和数据结构访问数据库的机制。

O/R 映射器 (→8-4)

具有O/R 映射作用的装置。通常安装在编程框架(一种为了更快、更简单地实现应用程序开发的模板工具）中。

PRIMARY KEY (→4-12)

一种不允许在列中保存与其他记录重复的值和NULL的约束条件。

全量备份 (→6-6)

一种对所有数据进行备份的方法。

人的威胁 (→7-3)

因人为失误和非法行为而造成损失的安全因素，包括操作失误、丢失、遗忘和社会工程学等。

日志 (→6-5)

记录了计算机的操作历史记录和系统的运行状况的文件。在数据库中，还包括慢日志和错误日志。

SQL 注入 (→7-10)

一种安全漏洞，攻击者可以在用户能够输入任意内容的表单中输入非法的SQL语句，并获取和更改原本无法查看的信息。

SQL (→1-6)

一种用于向数据库发送命令的计算机语言。

社会工程学 (→7-3)

一种利用人类心理和行为的弱点获取重要信息的手段。

实体 (→5-5)

作为存储对象的实体。指数据中出现的人和物。

事务 (→4-14)

在数据库中执行的多个处理的集合。

数据 (→1-1)

数值、文本、日期和时间等一个一个的资料。

数据库 (→1-1)

将多种数据整理并集中在一处，以便可以对其进行有效利用的集合。特征是可以登记、整理和查询数据。

数据库管理系统（DBMS） (→1-3)

一种为了处理大量的数据而提供的必备功能的系统。在操作数据库时，需要向数据库管理系统发送指令。它负责管理数据库，并作为用户和数据库之间的媒介，使数据库可以更加方便和安全地供用户使用。

数据类型 (→4-1)

为每列指定的数据的格式，包括处理数值、字符串、日期和时间的数据类型。可以格式化存储在列中的值并决定如何处理这些值。

死锁 (→4-17)

多个事务需要同时执行处理同一数据的操作，导致彼此需要等待对方的处理完成，从而无法进行下一个处理的状态。

索引 (→7-7)

一种用于缩短数据获取时间的机制。类似于图书的索引，通过创建适用于查询的经过优化的数据结构来实现。

属性 (→4-6)

一种根据一定的规则排列和保存列中的值的设置，包括自动保存连续数字的AUTO_ INCREMENT属性等。

同步复制 (→7-9)

在数据库中实现横向扩展的功能之一。一种可以从原始数据库复制包含相同内容的数据库并且同步使用数据的功能

同形（同音）异义词 (→5-15)

虽然名称相同，但是含义不同的词。

同义词 (→5-15)

名称不同但是意思相同的词。

图型 (→2-7)

一种用于表现数据间关系的模型。

UNIQUE (→4-10)

一种不允许在列中保存与其他记录重复的值的约束条件。

外键 (→4-13)

一种只允许在列中保存指定的其他表的列中的值的约束条件。

外连接 (→3-22)

一种将与指定列的值匹配的数据合并在一起，并与只存在于连接表的数据一并获取的方法。

网状模型 (→2-1)

一种用网状结构表示数据的数据模型。

物理威胁 (→7-1)

在物理上导致系统损害的因素。例如，自然灾害导致的设备损坏或故障、非法入侵导致的设备被盗、设备老化导致的故障等。

需求定义 (→5-1、→5-4)

一个确定需要创建什么样的系统来解决当前存在的问题的过程。

约束 (→4-6)

一种用于指定列中允许保存哪些值的限制条件，包括NOT NULL、UNIQUE和DEFAULT等约束条件。

云服务 (→6-1)

一种通过互联网使用外部系统的方法。

运行成本 (→6-3)

引入系统后每月需要支付的费用。

增量备份 (→6-6)

一种只对上次备份之后更改的部分进行备份的方法。

真假值 (→4-5)

在编程世界中，它表示“真”（true）和“假”（false）两种值的含义。常用于表示ON 或OFF 等两种状态。

中间表 (→5-18)

为了使用表格来表示多对多的关系在两张表之间创建的用于关联这两张表的表。

主关键字 (→4-12)

一种不允许在列中保存与其他记录重复的值和NULL的约束条件。

主键 (→4-12)

一种不允许在列中保存与其他记录重复的值和NULL的约束条件。

转储 (→6-7)

一种将数据库中的内容输出到文件的操作。

字段 (→2-2)

每条记录中的每个输入项。

纵向扩展 (→7-8)

通过增设内存、磁盘和CPU，或者更换高性能产品的方式提高系统处理能力的方法。